高等职业教育教材

钳工实训
项目化教程 第二版

杨晓斌 主 编

李 媛 李占辉 刘会平 副主编

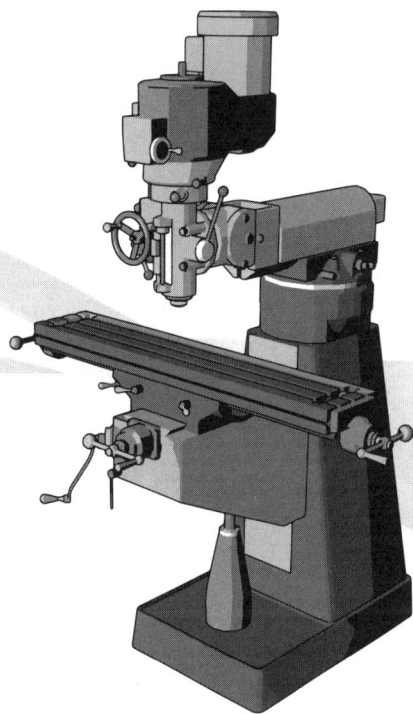

化学工业出版社

·北京·

内容简介

本书是依据"钳工实训"课程的主要教学内容和要求，根据职业院校教学的实际情况和特点，并参照相关的国家职业技能标准编写的。

本书主要介绍了钳工基础知识，常用工具和量具知识，以及划线、锉削、锯削、锉配合等知识。本书按照项目化教学要求编写，主要包括 7 个项目：学习钳工基础知识、钳工机械识图、制作立方体、制作六角螺母、制作孔板、钻头刃磨、钳工综合实训练习，附录中收录了钳工职业技能鉴定训练考试相关内容。

本书可作为中、高等职业院校机械类、近机械类专业教材，也可作为职业技术培训教材。

图书在版编目（CIP）数据

钳工实训项目化教程 / 杨晓斌主编. -- 2 版.
北京 ： 化学工业出版社，2025.2. --（高等职业教育教材）. -- ISBN 978-7-122-46920-5

Ⅰ. TG9

中国国家版本馆 CIP 数据核字第 2024JS7562 号

责任编辑：杨　琪　葛瑞祎　　　　装帧设计：张　辉
责任校对：王鹏飞

出版发行：化学工业出版社
　　　　　（北京市东城区青年湖南街 13 号　邮政编码 100011）
印　　装：大厂回族自治县聚鑫印刷有限责任公司
787mm×1092mm　1/16　印张 8¼　字数 161 千字
2024 年 12 月北京第 2 版第 1 次印刷

购书咨询：010-64518888　　　　　售后服务：010-64518899
网　　址：http://www.cip.com.cn
凡购买本书，如有缺损质量问题，本社销售中心负责调换。

定　　价：29.80 元

第二版前言

在当今快速发展的工业社会中，钳工技术作为机械制造业中的一项关键技术，其重要性愈发显著。钳工技术不仅要求操作者具备扎实的理论基础，更需大量的实践操作来锻炼和提升技能。因此，一本科学、系统且实用的钳工项目化实训教程对于培养高素质、高技能的钳工人才具有至关重要的作用。本教程正是基于这样的背景和需求而编写的，在编写过程中，充分考虑了钳工技术的特点和学生的学习需求。教程内容涵盖了钳工技术的基础知识、常用工具与设备的使用方法、基本操作技能以及錾削、锯削、锉削、钻削、螺纹加工、刮削、研磨和典型钳工零件的制作等多个典型的钳工实训项目。每个实训项目都经过精心设计和筛选，既包含了钳工技术的基本要素，又具有一定的挑战性和实用性，能够充分激发学生的学习兴趣和动力。本教程具有如下特色：

第一，定位准确，目标明晰。本书将钳工技术的学习过程分解为若干个具体的实训项目，旨在通过"做中学、学中做"的方式，让学生在实际操作中掌握钳工技能，提高解决实际问题的能力。

第二，项目教学，模式实际。借鉴了先进职业教育理念，从实例出发，采用项目任务的编写模式，强化学生掌握专业技能所需的知识与技能训练，注重培养学生的创新思维、协作能力和工匠精神。

第三，注重实训，操作性强。本书充分体现了"会操作"的编写思想，力求以实训带理论、理论与实训一体化，让学生在操作的过程中掌握知识与技能，以适应生产实际。

第四，语言通俗，图文并茂。在教材的编写过程中力求语言简洁、图文并茂、直观易懂，教学过程中能使教师用得顺手，学生看得明白。

全书共计 7 个项目，18 个实训任务，由贵州装备制造职业学院杨晓斌任主编；辽宁农业职业技术学院李媛、广东河源技师学院实训中心李占辉、刘会平任副主编；参编人员有贵州省机械工业学校实训中心许其丁、吴康平和广东河源技师学院实训中心李晓红、邱旭民。在编写过程中参考了大量的文献资料，在此向文献资料的作者致以诚挚的谢意。我们衷心希望本教程能够为钳工技术的学习者和教学者提供有益的参考和帮助。

由于编写时间及编者水平有限，书中难免有疏漏和不妥之处，我们恳请广大读者批评指正，也期待广大读者能够提出宝贵的意见和建议，不断完善和提高本教程的质量和水平。

编　　者

目 录

项目一　学习钳工基础知识

【项目描述】

通过认识钳工常用设备及工具，了解钳工操作需要的设备、工具的性能。

【学习目标】

① 认识钳工操作常用工具及设备；

② 了解钳工操作常用工具及设备的性能；

③ 了解台虎钳的结构及特点；

④ 掌握台虎钳的使用与维护保养方法。

任务一　认识钳工常用设备及工具

【学习目标】

认识钳工操作常用设备、工具并了解其性能。

【任务描述】

通过实地了解钳工操作用的设备及工具的性能，掌握设备及工具使用的基本要求。

一、钳工常用设备

1. 台虎钳

用来夹持工件的通用夹具。有固定式和回转式两种结构形式，如图 1-1 所示。其规格以钳口的宽度分，有 100mm（4 英寸）、125mm（5 英寸）、150mm（6 英寸）等。

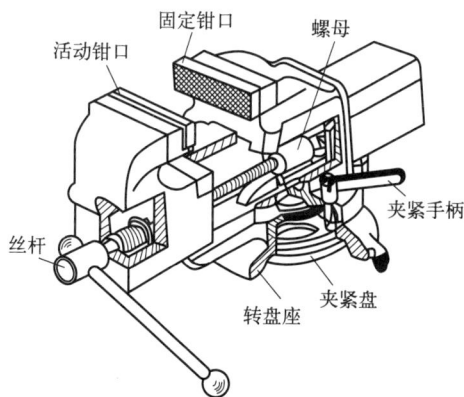

图 1-1　台虎钳

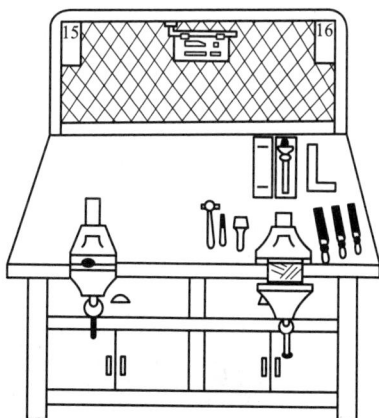

图 1-2　钳台

2. 钳台（钳桌）

用来安装台虎钳、放置工具和工件等，如图 1-2 所示。其高度为 800～900mm，长度和宽度随工作需要而定。虎钳安装高度恰好符合人手操作为宜。

3. 砂轮机

用来刃磨钻头、錾子等刀具或其他工具。

4. 钻床

用来对工件进行各类圆孔的加工，有台式钻床（图 1-3）、立式钻床和摇臂钻床等。

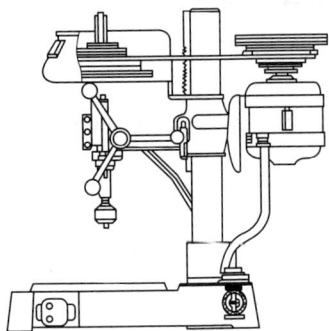

图 1-3　台式钻床

二、钳工常用工具

钳工常用工具如图 1-4 所示。

① 划线工具：划针、划线尺、划规、中心冲、平台等。

② 攻螺纹和套螺纹工具：各种丝锥、板牙、铰杠。

③ 刮削工具：平面刮刀、曲面刮刀。

④ 装配工具：各种扳手和螺钉旋具。

⑤ 錾削工具：榔头及各种錾子。

⑥ 锉削工具：各种锉刀。

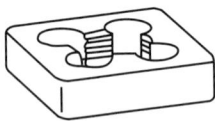
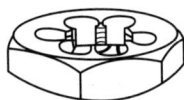
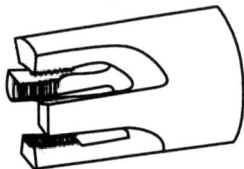

(a) 板牙的类型

圆板牙　　方板牙　　六角板牙　　管形板牙

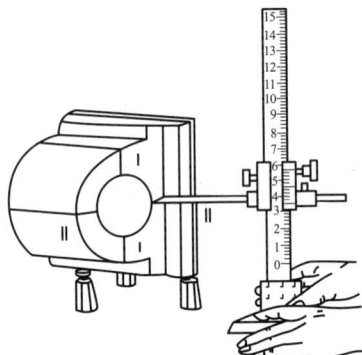

(b) 在平台上划中心线

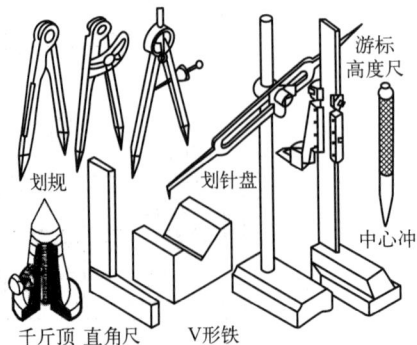

(c) 常用的划线工具

划规　划针盘　游标高度尺　中心冲　千斤顶　直角尺　V形铁

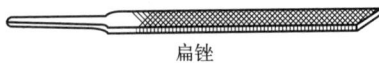

(d) 各种锉刀

扁锉　方锉　平面锉　圆锉　三角锉

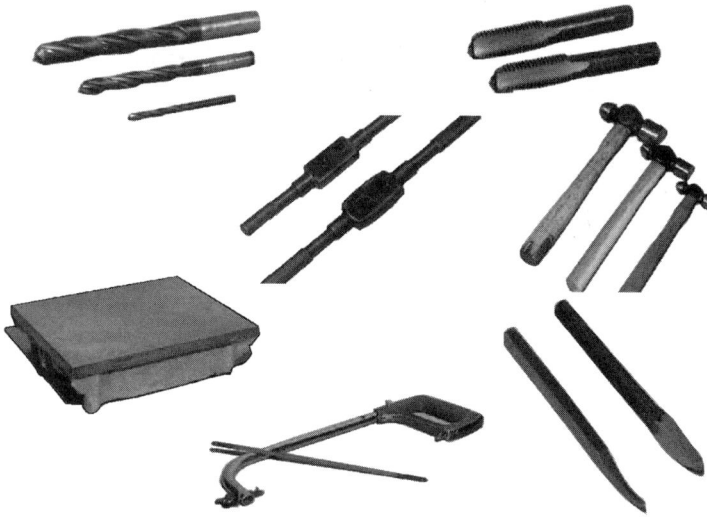

(e) 实物图

图 1-4　钳工常用工具

⑦ 锯割工具：锯弓和锯条。

⑧ 钻孔工具：麻花钻、各种锪钻、铰刀。

三、钳工常用量具

钳工常用量具包括钢板尺、刀口尺、内外卡钳、游标卡尺、百分尺、直角尺、量角器、万能角度尺、光面塞规、螺纹塞规、环规、厚薄规、百分表等，如图 1-5 所示。

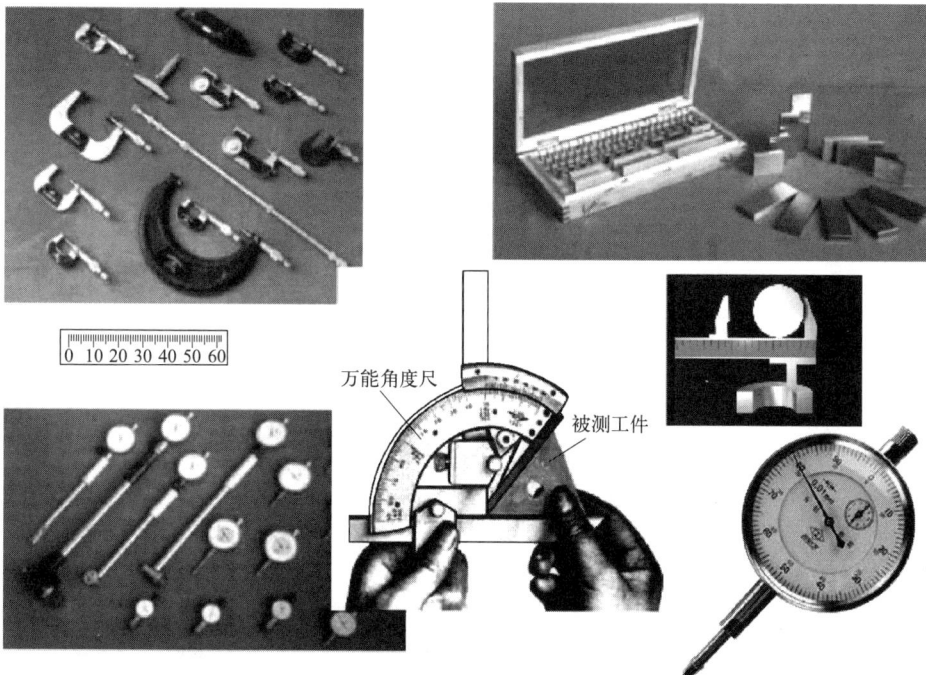

万能角度尺

被测工件

图 1-5　钳工常用量具

任务二　台虎钳的使用与维护保养

【学习目标】

① 认识台虎钳的结构。

② 掌握台虎钳的正确使用方法及保养方法。

【任务描述】

通过实地使用台虎钳，认识台虎钳的结构，掌握台虎钳的特性及使用方法。

一、台虎钳的结构

台虎钳通常按其结构分为固定式和回转式两种，如图 1-6（a）、（b）所示。上述两种台虎钳的主要结构和工作原理基本相同。由于回转式台虎钳的整个钳身可以旋转，能满足工件不同方位加工的需要，使用方便，因此回转式台虎钳应用非常广泛。

台虎钳的结构组成及其工作原理：活动钳身 1 通过导轨与固定钳身 4 的导轨

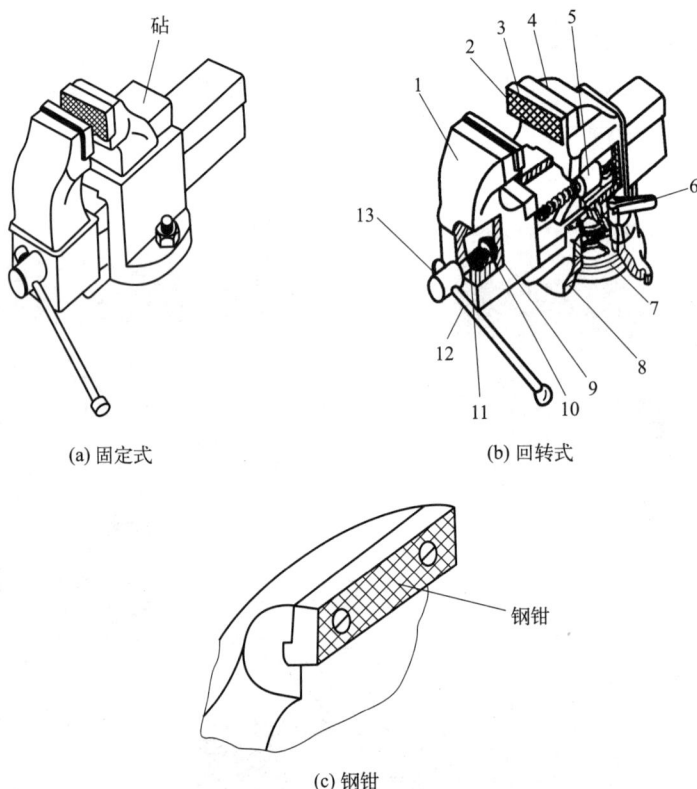

(a) 固定式　　　　　　　(b) 回转式

(c) 钢钳

图 1-6　台虎钳的结构与组成

1—活动钳身；2—螺钉；3—钢钳口；4—固定钳身；5—螺母；6—转座手柄；7—夹紧盘；
8—转座；9—销；10—挡圈；11—弹簧；12—手柄；13—丝杆

孔做滑动配合，丝杆 13 装在活动钳身上，能够旋转但不能轴向移动，并与安装在固定钳身内的螺母 5 配合。当摇动手柄 12 使丝杆旋转时，就带动活动钳身相对于固定钳身做进退移动，起到夹紧或松开工件的作用。钳口的工作面上制有交叉网纹和光面两种形式，交叉网纹钳口夹紧工件后不易产生滑动，而光滑钳口则用来夹持表面光洁的工件，夹紧已经加工过的表面后不会损伤工件表面。

二、台虎钳的使用操作及维护保养方法

① 安装台虎钳时，必须使固定钳身的钳口工作面处于钳桌的边缘外，以便在夹持长工件时下端受到阻碍。

② 台虎钳在钳桌上的固定要牢固，工作时应注意左右两个转座手柄必须扳紧，且保证钳身没有松动迹象，以免损坏钳桌、台虎钳及影响工件的加工质量。

③ 夹紧工件时，只允许用手的力量来扳紧丝杆手柄，不允许用锤子敲击手柄或套上长管子去扳手柄，以免丝杆、螺母及钳身因受力过大而损坏。

④ 夹紧工件所需夹紧力的大小，应视工件的精度、表面粗糙度、刚度及操作要求来定。原则是既要夹紧可靠，又不要损伤和破坏完工后工件的质量。

⑤ 有强力作用时，应尽量使强力朝向固定钳身，以免损坏丝杆和螺母。

⑥ 不允许在活动钳身的光滑平面上进行敲击作业，以免降低活动钳身与固定钳身的配合性能。

⑦ 台虎钳使用完后，应立即清除钳身上的切屑，特别是对丝杆和导向面应擦干净，并加注适量机油，有利于润滑和防锈。

三、工件在台虎钳上装夹方法

① 工件应夹持在台虎钳钳口的中部，以使钳口受力均匀，如图 1-7 所示。

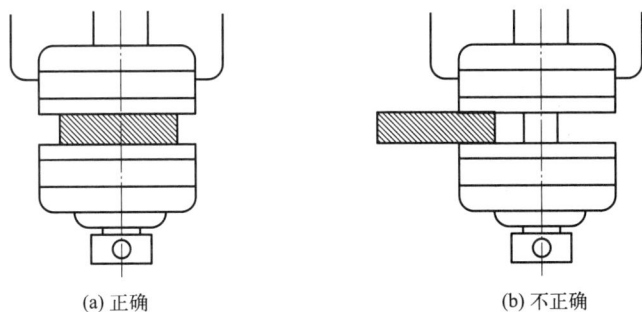

(a) 正确　　　　　　　　　　　(b) 不正确

图 1-7　工件在台虎钳上装夹方法

② 台虎钳夹持工件的力，只能尽双手的力扳紧手柄，不能在手柄上加套管子或锤敲击，以免损坏台虎钳内螺杆或螺母上的螺纹，如图 1-8 所示。

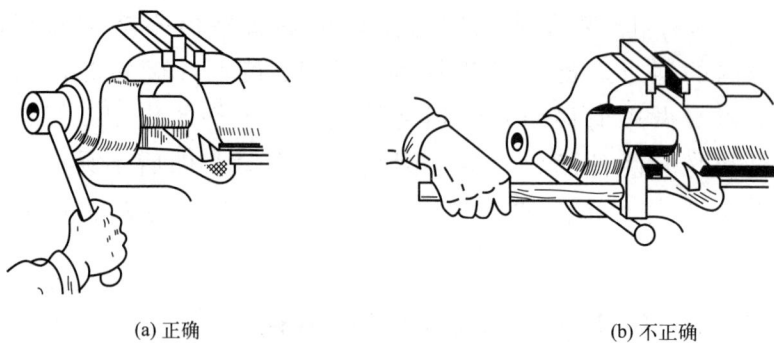

(a) 正确　　　　　　　　　　　　　(b) 不正确

图 1-8　台虎钳夹持工件的力

③ 长工件只可锉夹紧的部分，锉其余部分时，必须移动重夹，如图 1-9 所示。

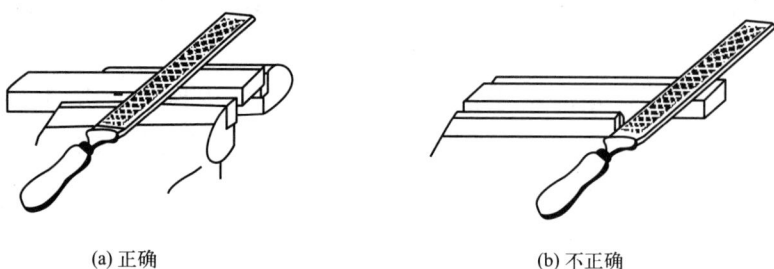

(a) 正确　　　　　　　　　　　　　(b) 不正确

图 1-9　长工件的锉削

④ 锉削时，工件伸出钳口要短，工件伸出太多就会弹动，如图 1-10 所示。

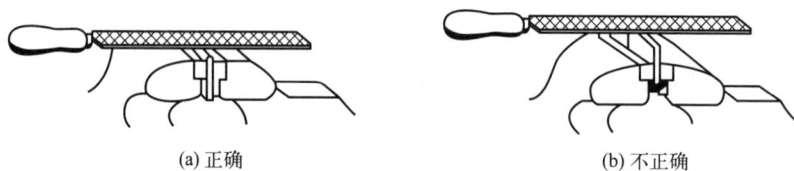

(a) 正确　　　　　　　　　　　　　(b) 不正确

图 1-10　工件伸出钳口位置的方法

⑤ 夹持槽铁时，槽底必须夹到钳口上，为了避免变形，必须用螺钉和螺母撑紧，如图 1-11 所示。

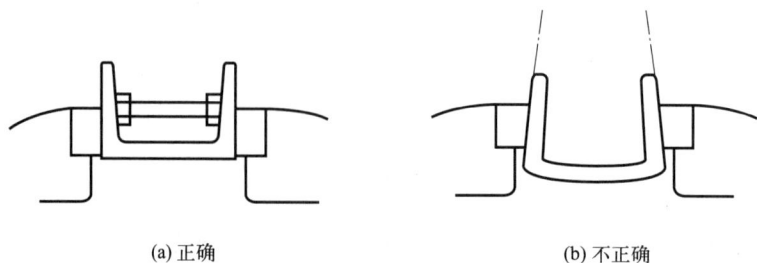

(a) 正确　　　　　　　　　　　　　(b) 不正确

图 1-11　槽铁的夹持方法 1

⑥ 用垫木夹持槽铁最合理，如不用辅助件夹持就会变形，如图 1-12 所示。

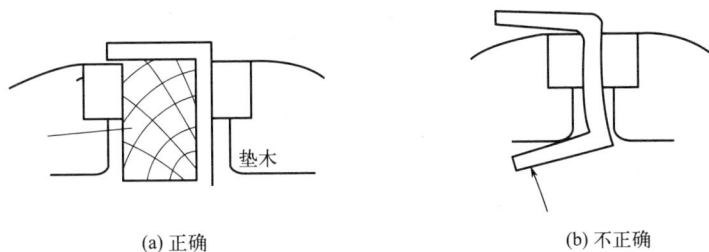

(a) 正确　　　　　　　　　　　　　(b) 不正确

图 1-12　槽铁的夹持方法 2

⑦ 夹持圆棒料时，应用 V 形槽垫铁是合理的夹持方法，如图 1-13 所示。

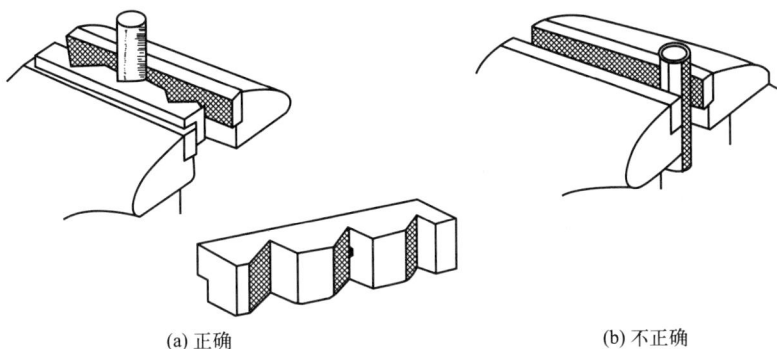

(a) 正确　　　　　　　　　　　　　(b) 不正确

图 1-13　圆棒料的夹持方法 1

⑧ 夹持铁管时，应用一对 V 形槽垫铁夹持。否则管子就会夹扁变形，尤其是薄壁管更容易夹扁变形，如图 1-14 所示。

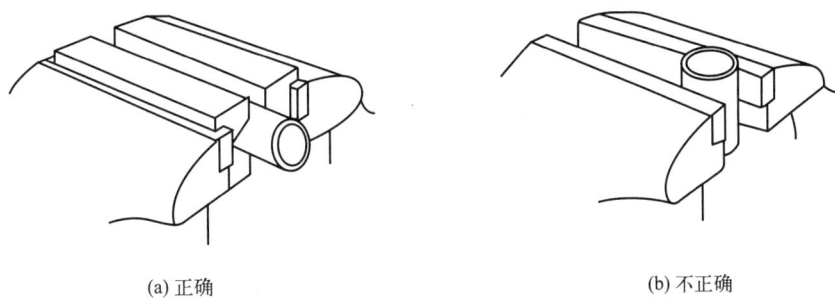

(a) 正确　　　　　　　　　　　　　(b) 不正确

图 1-14　圆棒料的夹持方法 2

⑨ 夹持工件的光洁表面时，应垫铜皮加以保护。

⑩ 锤击工件可以在砧铁面上进行，但锤击力不能太大，否则会使虎钳受到损害。

⑪ 台虎钳内的螺杆、螺母及滑动面应经常加油润滑。

任务三　钳工实训安全文明生产要求

【学习目标】

① 了解实习守则。

② 了解安全操作规程及操作要求。

【任务描述】

通过学习实习守则及设备安全操作规程要求，了解安全文明生产的意义，并在钳工实训工作中做好安全防护。

一、学生实习守则

① 学生进入实习室之前，必须接受安全教育，认真预习实习指导书，准备好工具，服从安排，遵守纪律，必须按照指定的工作岗位实习，未经批准不得擅自调换。

② 认真参加实习，独立完成作业，及时送交实习报告，不得抄袭或臆造。

③ 严格遵守安全操作规程。

④ 实习室内保持安静，不准吵闹。遇到疑难问题，应及时向实习指导教师请教。仪器设备如发生故障，应立即报告实习指导教师，及时处理。

⑤ 爱护公物，厉行节约。未经实习指导教师同意，不得动用与本实习无关的仪器、设备、工具和材料。严格遵守财产物资管理制度。损坏工、量具的要照价赔偿。

⑥ 每日实习完毕后，应对仪器、设备、工具、场地进行清理打扫，保持实习室卫生整洁。经实习指导教师同意后，方可离开实习室。

二、设备安全操作规程及要求

1. 钳工实习安全操作规程

① 进工厂要穿工作服，女同学要戴工作帽。不准穿拖鞋。操作机床严禁戴手套。

② 不准擅自使用不熟悉的机器和工具，设备使用前要检查，发现损坏或其他故障时应停止使用并报告。

③ 操作过程中要时刻注意安全，防止意外。

④ 要用刷子清理铁屑，不准用手直接清除，以免割伤手指更不准用嘴吹，防止屑末飞入眼睛。

⑤ 使用电气设备时，必须经指导教师同意，要严格遵守操作规程，防止触电。

⑥ 要做到文明实习，工作场地要保持整洁，使用的工具、工件毛坯和原材料应堆放整齐。

2. 钻孔安全操作规程

① 操作钻床时不可戴手套，袖口要扎紧，必要时戴工作帽。

② 钻孔前，要根据所需要的钻削速度，调节好钻床的速度。调节时，必须切断钻床的电源开关。

③ 工件必须夹紧，孔将钻穿时要减小进给力。

④ 开动钻床前，应检查是否有钻夹头钥匙或斜铁插在转轴上；工作台面上不能置放刀具、量具和其他工件等杂物。

⑤ 不能用手和棉纱头或用嘴吹来清除切屑，要用毛刷或棒钩清除。

⑥ 停车时应让主轴自然停止，严禁用手捏刹钻头。严禁在开车状态下装拆工件或清洁钻床。

3. 砂轮机安全操作规程

① 砂轮机要有专人负责，经常检查，以保证正常运转。

② 穿戴好工作服，如：扣好衣服，扎好袖口。女同学必须戴上工作帽，将长发或辫子纳入帽内，不准戴手套，以免被机床的旋转部位绞住，造成事故。

③ 操作前应查看砂轮机的罩壳与托架是否稳固，查看砂轮片上有无裂纹，不准在没有罩壳和托架的砂轮机上工作。

④ 操作者必须戴上防护眼镜。

⑤ 砂轮机严禁磨削铝、铜、锡、铅及非金属。

⑥ 开动砂轮机后，待其速度稳定后才能操作。要站在砂轮机的侧面工作。

⑦ 刀具或工件在砂轮机上不能压得太重，不能在砂轮机的侧面重力刃磨，以防砂轮破裂飞出伤人。

⑧ 在同一块砂轮上，禁止两人同时使用，更不准在砂轮的侧面磨削。磨削时，操作者应站在砂轮机的侧面，不要站在砂轮机的正面，以防砂轮崩裂，发生事故。

⑨ 砂轮不准沾水，要经常保持干燥，以防其湿水后失去平衡，发生事故。

⑩ 砂轮磨薄、磨小，使用磨损严重时，不准使用，应及时更换，保证安全。

⑪ 砂轮机用完后，应立即关闭电闸，不要让砂轮机空转。

4. 工量具摆放的基本要求

① 在钳台上工作时，为了取用方便，右手取用的工量具放在右边，左手取用的工量具放在左边，各自排列整齐，且不能使其伸到钳台外边。

② 量具不能与工具或工件放在一起，应放在量具盒内或专用格架上。

③ 常用的工量具，要放在工作位置附近。

④ 工量具收藏时要整齐地放入工具箱内，不应任意堆放，以防损坏或取用不方便。

三、总结评价

钳工基础知识实训报告与总结评价表见表 1-1。

表 1-1　钳工基础知识实训报告与总结评价表

姓名		学号		班级	
实训时间			至	共　　　学时	
请简要说明钳工常用的设备及工量具					
在本项目中，你学到了什么技能？有何感想和体会？你在哪些方面还要加强？					

自我评价	优		良		中		差		签名	
组长评价	优		良		中		差		签名	
教师评价	尊师守纪		优		良		中		差	
	劳动态度		优		良		中		差	
	团结互助精神		优		良		中		差	
	安全文明实训		优		良		中		差	
	遵守加工工艺规程		优		良		中		差	
	解决问题能力		优		良		中		差	
	技能掌握情况		优		良		中		差	
	评语 综合评定:优( ) 良( ) 中( ) 差( ) 指导教师: 　　　　　　　　　　　　　　　　　　　　　　年　月　日									

项目二　钳工机械识图

【项目描述】

　　机械制图课程是机械类专业的一门专业基础课，钳工是机械类专业的一项基础技能。了解掌握机械制图的基本知识，对钳工操作至关重要。

【学习目标】

　　① 了解机械制图基础知识。
　　② 掌握机械制图方法及注意事项。
　　③ 能够看懂简单图纸。

任务　学习钳工机械制图知识

【学习目标】

　　① 掌握投影的基本知识。
　　② 掌握绘图的基本知识及技能。
　　③ 能够识读简单的图纸。

【任务描述】

　　通过学习机械制图的相关知识，了解掌握制图的技能；能识读简单的图纸，为钳工操作做好准备。

一、投影的基本知识

1. 投影的形成

　　假定光线可以穿透物体（物体的面是透明的，而物体的轮廓线是不透的），并规定在影子当中，光线直接照射到的轮廓线画成实线，光线间接照射到的轮廓线画成虚线，则经过抽象后的"影子"称为投影，如图 2-1 所示。形成投影的三要素：投影线、形体、投影面。

2. 投影的分类

　　投影分为中心投影和平行投影两种方式，如图 2-2 所示。平行投影分为正投影和斜投影，正投影是投影线垂直于投影面，斜投影是投影线倾斜于投影面。

3. 常用的几种投影图

　　正投影图和轴测图是常见的投影图，如图 2-3 所示，正投影图的特点是能反映形体的真实形状和大小，度量性好，作图简便，是工程制图中经常采用的一种

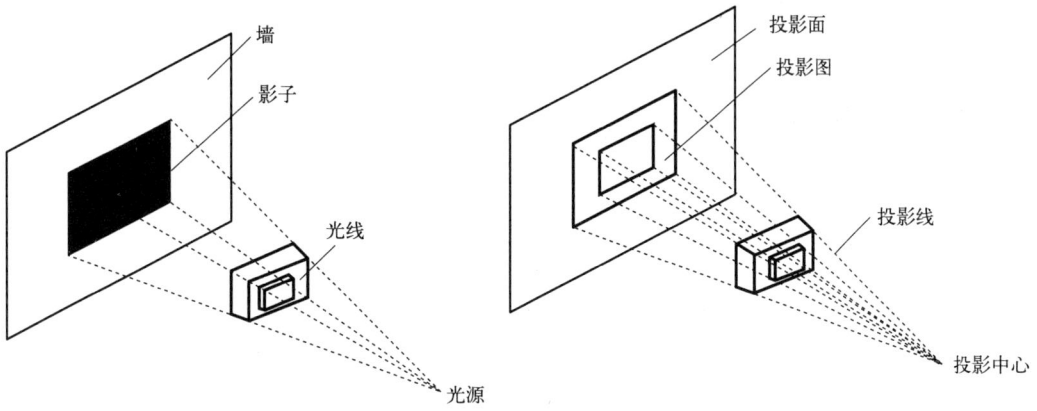

图 2-1　投影的形成

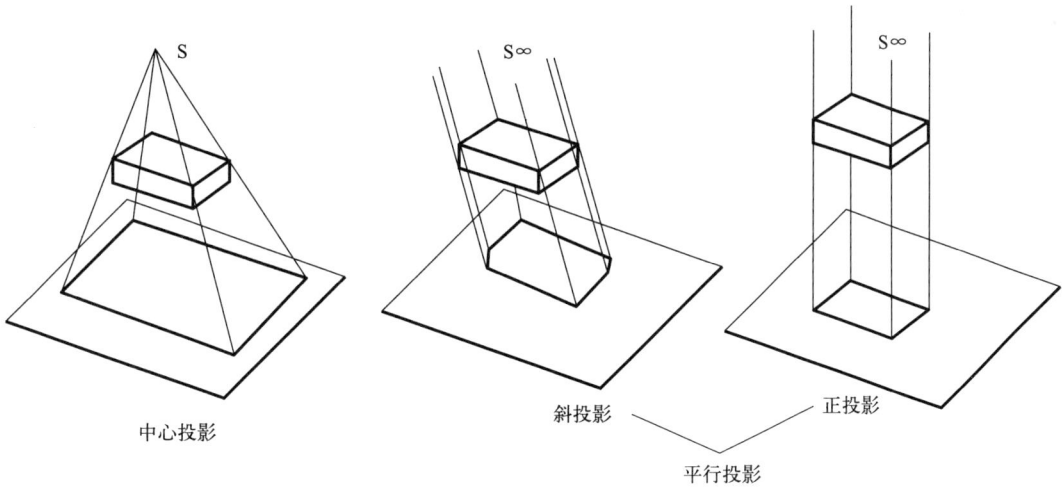

图 2-2　投影的分类

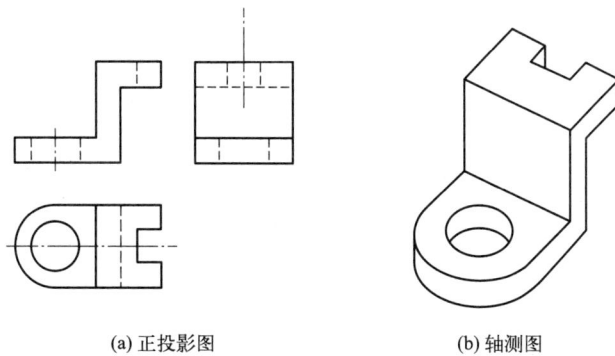

(a) 正投影图　　　　　　　　(b) 轴测图

图 2-3　常见的投影图

投影图。轴测图的特点是具有一定的立体感和直观性，常作为辅助性图。

其他常用的投影图还有透视图、标高投影图等，如图 2-4 所示。

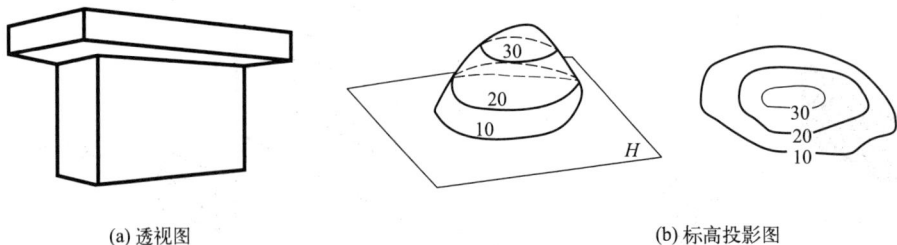

(a) 透视图   (b) 标高投影图

图 2-4   其他常用的投影图

透视图具有的特点是图形逼真，具有良好的立体感，常作为设计方案和展览用的直观图。

标高投影图是在一个水平投影面上标有高度数字的正投影图，常用来绘制地形图和道路、水利工程等方面的平面布置图样。

4. 正投影的基本性质

点的正投影仍然是点，如图 2-5(a) 所示。

直线的投影如图 2-5(b) 所示，直线垂直于投影面，其投影积聚为一点。直线平行于投影面，其投影是一直线，反映实长。直线倾斜于投影面，其投影仍是一直线，但长度缩短。

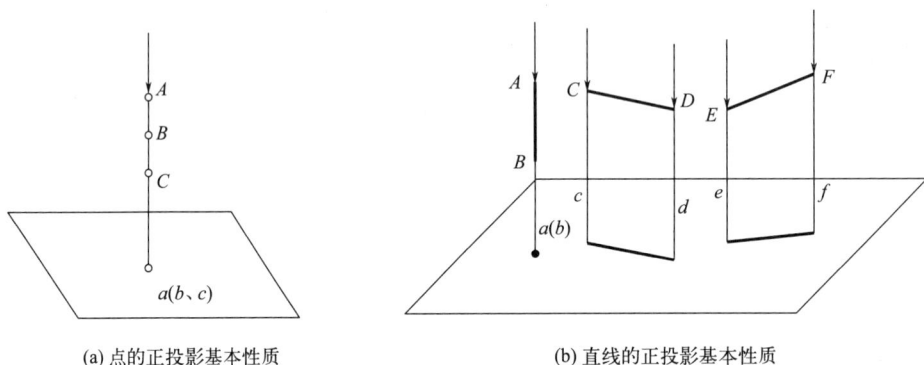

(a) 点的正投影基本性质   (b) 直线的正投影基本性质

图 2-5   正投影

平面的正投影如图 2-6 所示，平面垂直于投影面，投影积聚为直线。平面平行于投影面，投影反映平面的实形。平面倾斜于投影面，投影变形，图形面积缩小。

5. 物体的三面正投影

物体三面投影图的形成如图 2-7 所示，有空间 3 个不同形状的形体，它们在同一投影面上的投影却是相同的。由图 2-7 可以看出：虽然一个投影面能够准确

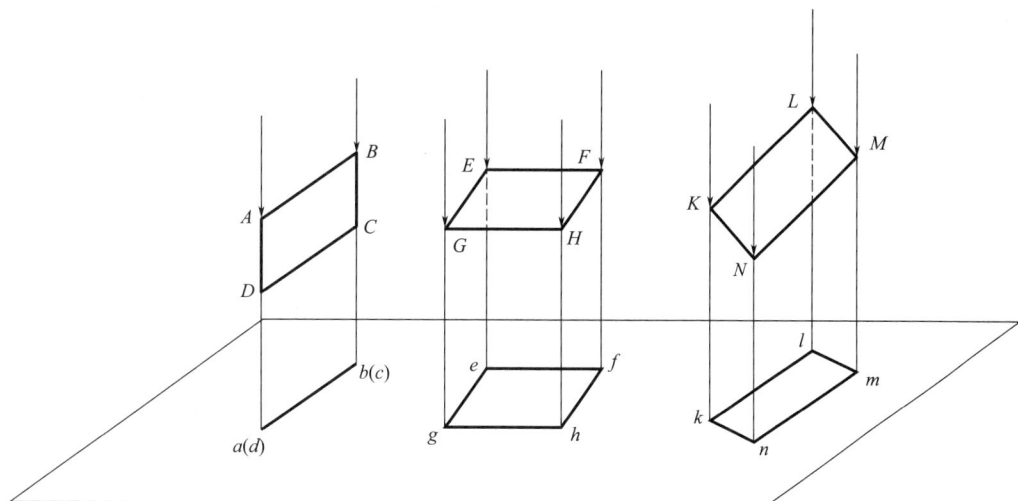

图 2-6　平面的正投影

地表现出形体的一个侧面的形状，但不能表现出形体的全部形状。那么，需要几个投影才能确定空间形体的形状呢？

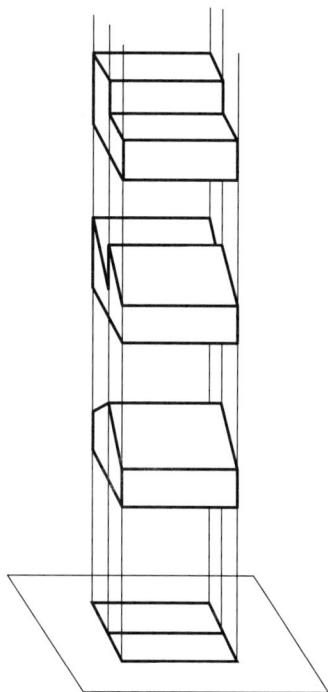

图 2-7　物体的三面正投影

一般来说，用三个相互垂直的平面做投影面，用形体在这三个投影面上作三个投影，才能充分地表示出这个形体的空间形状，如图 2-8 所示。三个相互垂直的投影面，称为三面投影体系。形体在这三面投影体系中的投影，称为三面正投影图。

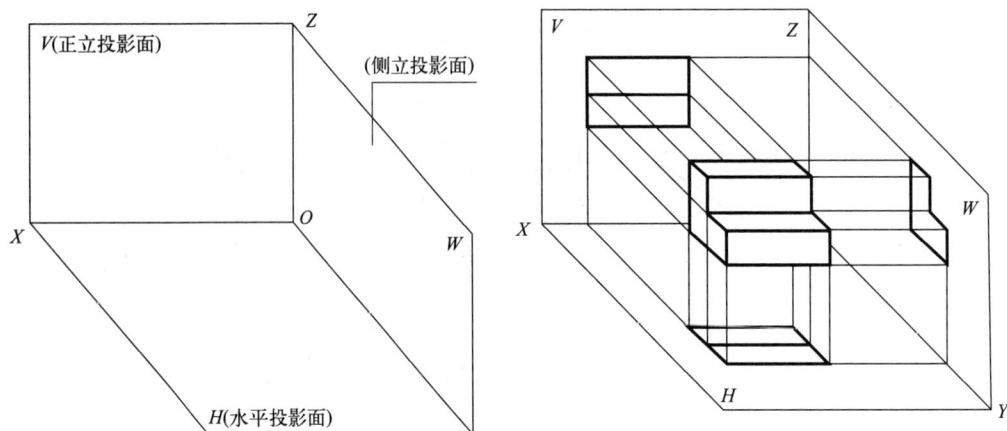

图 2-8　三面正投影图

三个投影面展开以后如图 2-9 所示，三条投影轴成了两条相交的直线；原

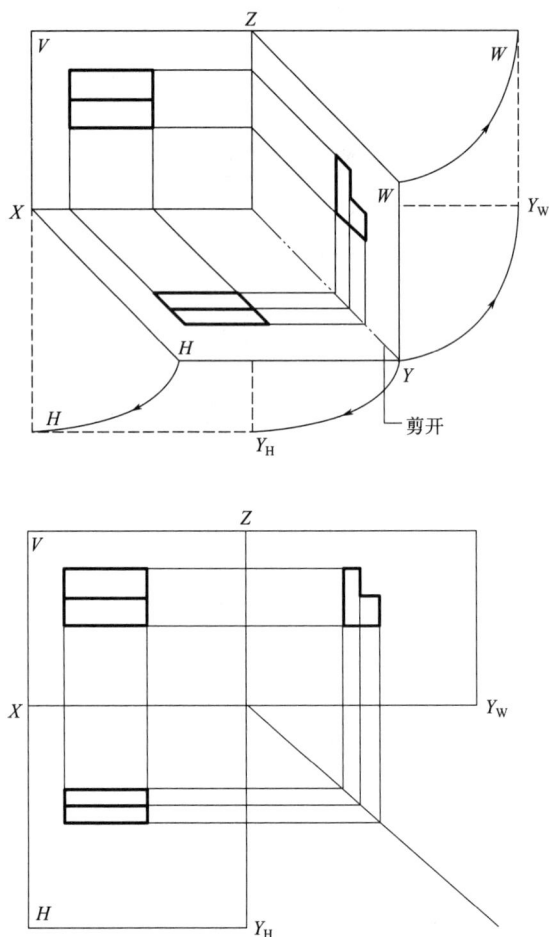

图 2-9　三个投影面展开

X、Z 轴位置不变，原 Y 轴则分成 YH、YW 两条轴线。

三面正投影图之间的规律：长对正，高平齐，宽相等，如图 2-10 所示。

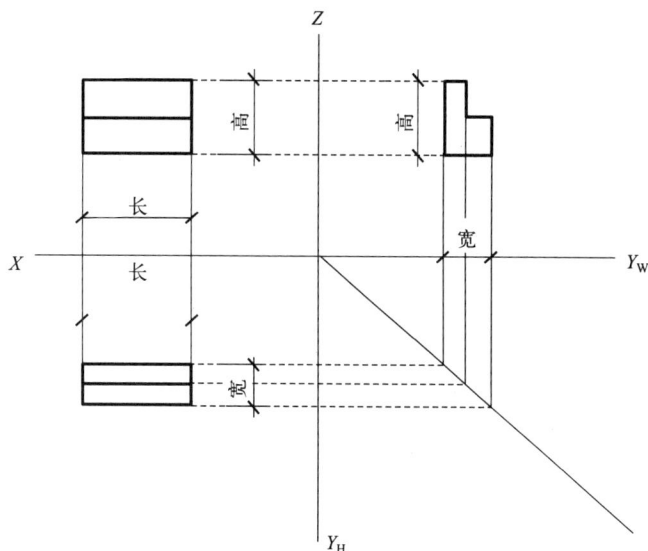

图 2-10　三面正投影图之间的规律

二、绘图的基本知识及技能要求

物体三面正投影图的作图方法有叠加法、截割法、综合法、坐标法。实际应用中，我们常见的物体多数是组合体。

组合体有如下几种类型，如图 2-11 所示。

① 叠加型：由若干个基本形体叠加而成的组合形体。

② 截割型：由一个基本形体被一些不同位置的截面切割后而成的组合形体。

③ 综合型：由基本形体叠加和被截割而成的组合形体。

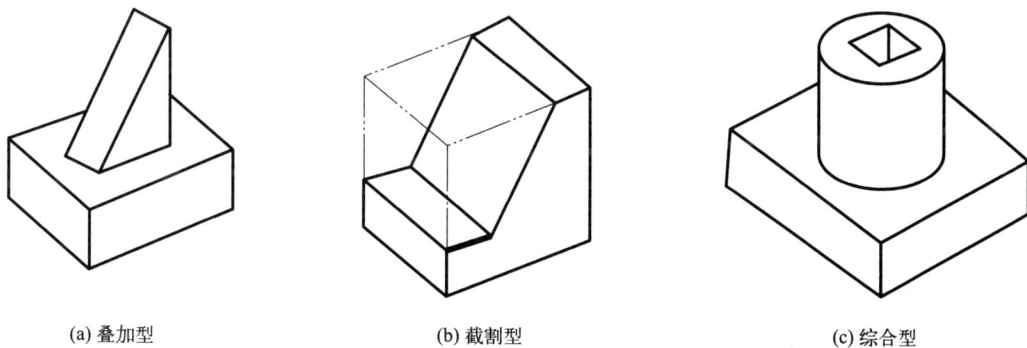

(a) 叠加型　　　　　　　　(b) 截割型　　　　　　　　(c) 综合型

图 2-11　组合体

1. 三视图的形成

在绘制机械图样时，将物体向投影面作正投影所得的图形称为视图。在三投影面体系中得到的物体的三个视图，其正面投影称为主视图，水平投影称为俯视图，侧面投影称为左视图。

（1）三视图的位置关系和投影规律

虽然在画三视图时取消了投影轴和投影间的连线，但三视图之间仍应保持各投影之间的位置关系和投影规律。三视图的位置关系为：俯视图在主视图的下方，左视图在主视图的右方。按照这种位置配置视图时，国家标准规定一律不标注视图的名称。

主视图反映了物体上下、左右的位置关系，即反映了物体的高度和长度。

俯视图反映了物体左右、前后的位置关系，即反映了物体的长度和宽度。

左视图反映了物体上下、前后的位置关系，即反映了物体的高度和宽度。

由此得到三视图之间的投影规律如下：

主、俯视图——长对正

左、主视图——高平齐

俯、左视图——宽相等

（2）形体分析

大多数机械零件都可以看作是由一些基本形体经过结合、切割、穿孔等方式组合而成的组合体。这些基本形体可以是一个完整的基本几何体，也可以是一个不完整的基本几何体或是它们的简单组合。

（3）物体的组合形式分析及其投影特征

由基本形体构成组合体时，可以有结合（或称叠加）与切割（包括开槽与穿孔）两种基本形式。

基本形体间的结合，可以有简单结合、相切、相交三种情况。

（4）视图上的尺寸标注

视图主要表达物体的形状，物体的真实大小则是根据图上所标注的尺寸来确定的，加工时也是按照图上的尺寸来制造的。标注尺寸应做到以下几点：

① 尺寸标注要符合标准；

② 尺寸标注要完整；

③ 尺寸安排要清晰；

④ 尺寸标注要合理。

2. 绘图知识及基本要求

（1）比例

绘制图样时采用的比例，为图中图形与实际机件相应要素的线性尺寸之比。比值为 1 的比例称为原值比例，即 1∶1，比值小于 1 的比例称为缩小比例，大于 1 的称为放大比例。但在标注尺寸时，仍按机件的实际尺寸标注，与绘图的比例无关。所以，看图时，图纸上所标注尺寸即为零部件的实际尺寸。

（2）图线

图线分为粗细两种，粗实线表示零件的可见轮廓线，虚线表示不可见轮廓线，细实线表示尺寸线、尺寸边界及剖面线，波浪线表示断裂处的边界线及视图和剖视的分界线，细点划线表示对称中心线及轴线，双点划线表示相邻辅助零件的轮廓线。

（3）尺寸标注

① 物件的真实大小应以图样上所注的尺寸数值为依据，与图形的大小及绘图的准确度无关。

② 图样中（包括技术要求和其他说明）的尺寸，以毫米为单位时，不需标注计量单位的代号或名称，如果采用其他单位时，则必须注明。

③ 一个完整的尺寸，应包括尺寸线、尺寸边界、尺寸数字和尺寸线终端（箭头和斜线）。

④ 尺寸数字：线性尺寸的数字一般应注写在尺寸线的上方，也允许注写在尺寸线的中断处。尺寸数字不可被图线所通过，否则必须将该图线断开。

（4）尺寸线和尺寸界线

① 尺寸线和尺寸界线均用实线绘制。标注线性尺寸时，尺寸线必须与所标注的线段平行。尺寸界线应由图形的轮廓线、轴线或对称中心线处引出，也可利用轮廓线、轴线或对称中心线作尺寸界线。尺寸线不能用其他图纸代替，一般也不得与其他图纸重合或画在其延长线上。

② 同一图样中，尺寸线与轮廓线，以及尺寸线与尺寸线之间的距离应大致相等，一般以不小于 5mm 为宜。

③ 尺寸界线一般应与尺寸线垂直，必要时才允许倾斜。

④ 在用圆弧光滑过渡处标注尺寸时，必须用实线将轮廓线延长，从它们的交点处引出尺寸界线。

（5）尺寸线的终端

① 尺寸线的终端可以有两种形式。机械图上的尺寸线终端一般画成箭头，以表明尺寸的起止；土建图上的尺寸线终端一般画成 45°斜线。

② 箭头应尽量画在两尺寸界线的内侧。对于较小的尺寸，在没有足够的位置画箭头或注写数字时，也可将箭头或数字放在尺寸界线的外面。当遇到连续几个较小的尺寸时，允许用圆点或斜线代替箭头。

（6）圆的直径和圆弧半径的注法

① 标注圆的直径时，尺寸线应通过圆心，尺寸线的两个终端应画成箭头，在尺寸数字前应加注符号"ϕ"。当图形中的圆只画出一半或略大于一半时，尺寸线应略超过圆心，此时仅在尺寸线的一端画出箭头。

② 标注圆弧的半径时，尺寸线的一端一般应画到圆心，以明确表明其圆心的位置，另一端画成箭头。在尺寸数字前应加注符号"R"。

③ 标注球面的直径或半径时，应在符号"ϕ"或"R"前加注符号"S"，但对于有些轴及手柄的端部等，在不致引起误解的情况下，可省略符号"S"。

（7）角度的标注

① 标注角度时，尺寸线应画成圆弧，其圆心是该角的顶点，尺寸界线应沿径向引出。

② 角度的数字应一律写成水平方向，一般注写在尺寸线的中断处，必要时也可以注写在尺寸线的上方或外面。

（8）板状零件的厚度的注法

当仅用一个视图表示的板状零件（其厚度全部相同），在标注其厚度时，可在尺寸数字前加注符号"△"。

3. 作图实例

实例 1：根据物体的轴侧图，请画出三面投影图，如图 2-12 所示（比例 1∶1）。

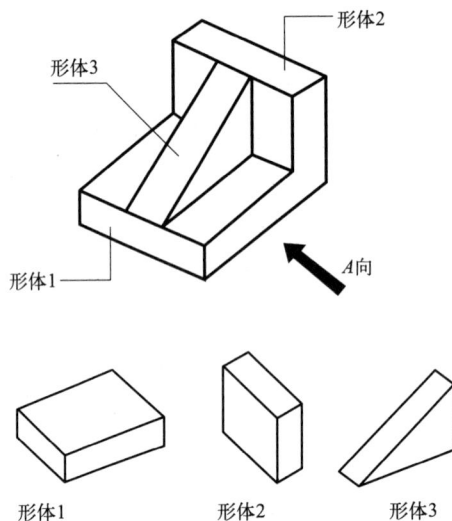

图 2-12 轴侧图绘制

作图步骤如下。

第一步：形体分析如图 2-13 所示；第二步：选择正立面图的投影方向；第三步：确定绘图比例（如 1∶1）；第四步：画投影图。检查无误后加深图线即可。

采用度量法求作的侧面投影图如图 2-14 所示。

采用 45°线法求作的侧面投影图，如图 2-15 所示。

实例 2：求物体的三面投影图，如图 2-16 所示。

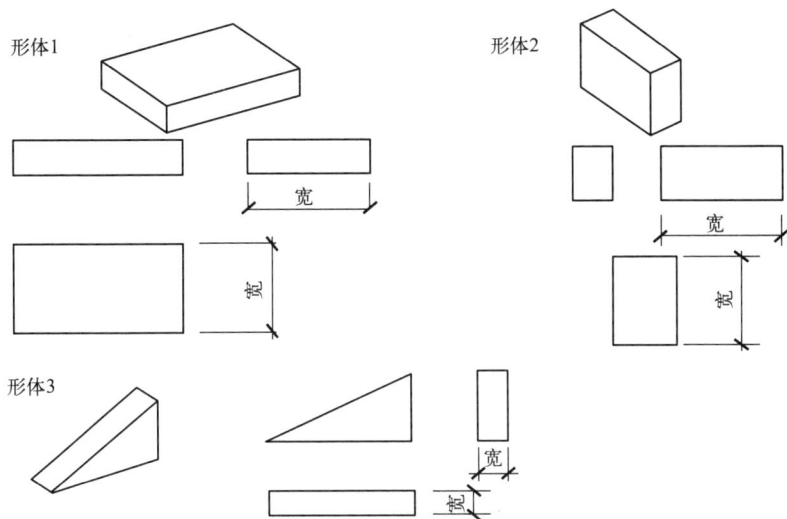

图 2-13　形体分析

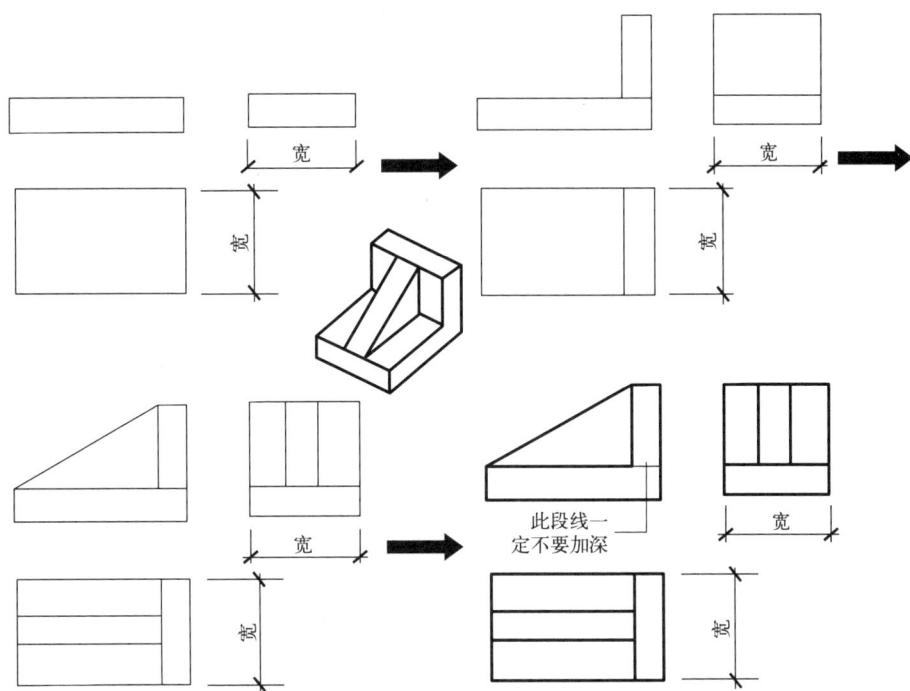

此段线一
定不要加深

图 2-14　度量法求作的侧面投影图

　　根据给定形体的立体图，可知该组合体为切割型，可看成是长方体切割掉形体 1 和形体 2 的剩余体。所以绘制三视图时可采用先画出完整长方体的三视图，然后分别画出形体 1 和形体 2 的三视图即可。

　　实例 3：求出物体的第三投影，如图 2-17 所示，形体 1 为四棱柱、形体 2 为圆柱体、形体 3 为圆柱体。

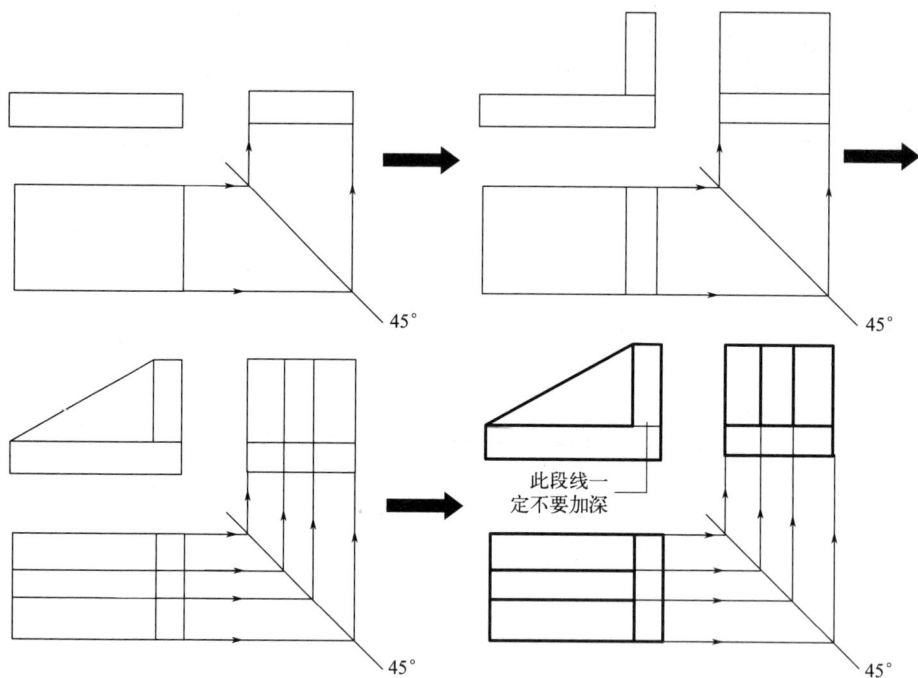

图 2-15　45°线法求作的侧面投影图

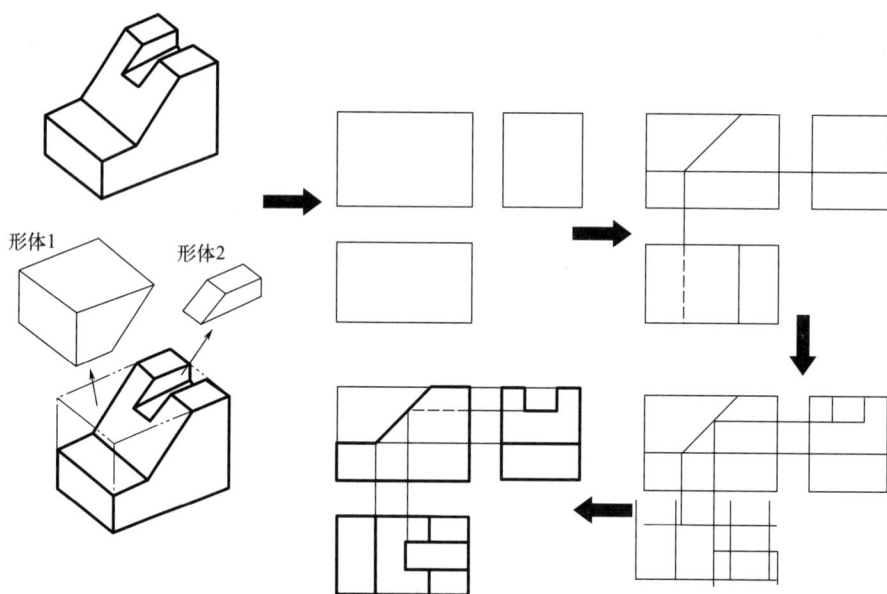

此段线一
定不要加深

形体1　　形体2

图 2-16　实例 2 三面投影图作图

4. 看视图的基本方法

看图就是运用正投影原理，根据平面图形（视图）想象出空间物体的结构形状的过程。

（1）看图时构思空间物体形状的方法

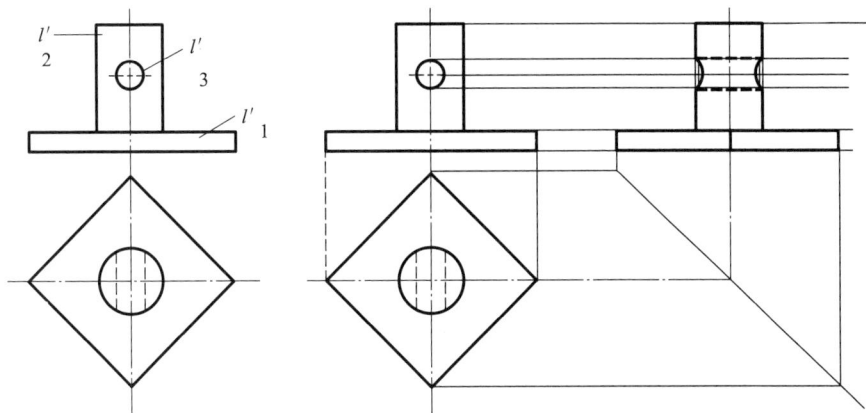

图 2-17　实例 3 第三投影图作图

通常一个视图不能确定比较复杂物体的形状，因此在看图时，一般要根据几个视图运用投影规律进行分析、构思，才能想象出空间物体的形状。

为了正确、迅速地看懂图纸和培养空间思维能力，还应当通过看图实践，逐步提高空间构思能力。

① 视图上的每一条线可以是物体上下列要素的投影、两表面的交线、垂直面的投影、曲面的转向轮廓线。

② 视图上的每一封闭线框（图线围成的封闭图形）可以是物体上不同位置平面、曲面或通孔的投影。

③ 视图上任何相邻的封闭线框必定是物体上相交的或有前后的两个面（或其中一个是通孔）的投影。

（2）看图的基本方法

① 形体的分析法。形体分析法是看视图的最基本方法。通常从最能反映物体形状特征的主视图着手，分析该物体是由哪些基本形体所组成以及它们的组合形式；然后运用投影规律，逐个找出每个形体在其他视图上的投影，从而想象出各个基本形体的形状以及各形体之间的相对位置关系，最后想象出整个物体的形状。

② 线面分析法。看图时，在采用形体分析法的基础上，对局部较难看懂的地方，还经常需要运用画法几何中的线面分析方法来帮助看图。

（3）看视图步骤

① 初步了解。据物体的视图和尺寸，初步了解它的大概形状和大小，并按形体分析法分析它由哪几个主要部分组成。一般可从能较多反映零件形状特征的主视图着手。

② 逐个分析。用上述看图的各种分析方法，对物体各组成部分的形状和线面逐个进行分析。

③ 综合想象。通过形体分析和线面分析，了解各部分形状后，确定其各组成部分的相对位置，以及相互间的关系，从而想象出整个物体的形状。

在看图的整个过程中，一般以形体分析法为主，结合线面分析，边分析、边想象、边作图，这样有利于较快地看懂图纸。

三、剖面图与断面图

1. 剖面图与断面图的概念（图 2-18）

① 剖面图：假想用剖切平面（P）剖开物体，将处在观察者和剖切平面之间的部分移去，而将其余部分向投影面投射所得的图形称为剖面图。

② 断面图：假想用剖切平面将物体切断，仅画出该剖切面与物体接触部分的图形，并在该图形内画上相应的材料图例，这样的图形称为断面图。

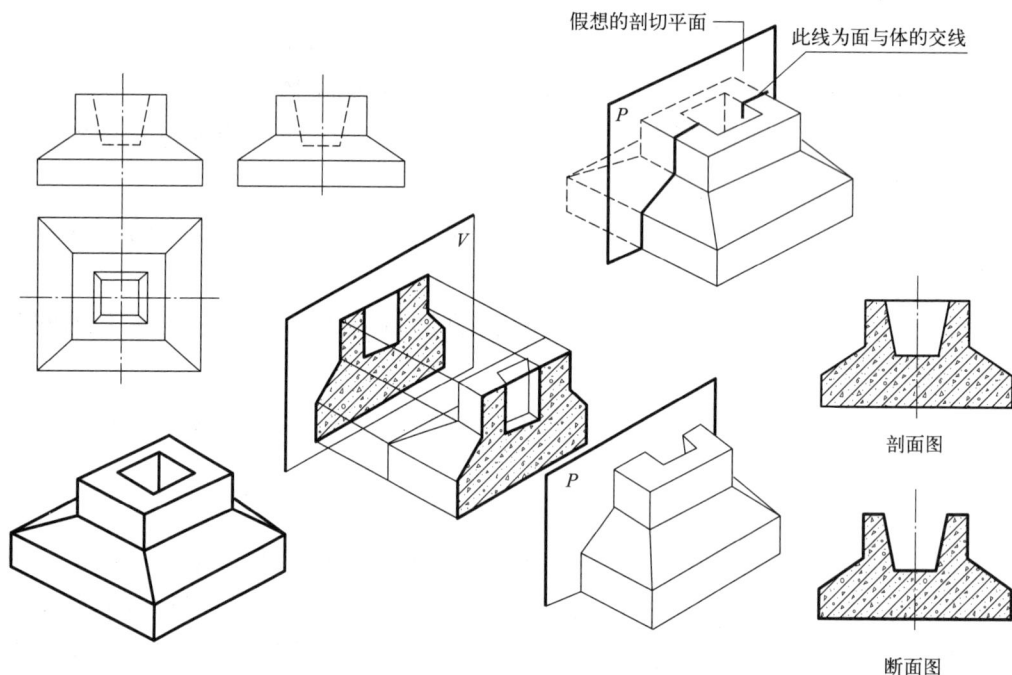

图 2-18　剖面图与断面图

2. 剖面图与断面图的剖切符号

剖面图的剖切符号应由剖切位置线及投射方向线组成，应以粗实线绘制。剖切位置线的长度宜为 6～10mm；投射方向线应垂直于剖切位置线，长度应短于剖切位置线，宜为 4～6mm。剖切符号的编号宜采用阿拉伯数字。

3. 断面图的剖切符号

断面图的剖切符号仅用剖切位置线表示。剖切位置线仍用粗实线绘制，长度为 6～10mm。断面图剖切符号的编号宜采用阿拉伯数字。编号所在的一侧应为该断面的剖视方向。

4. 剖面图与断面图的种类

剖面图的种类包括：全剖面图、阶梯剖面图、展开剖面图、局部剖面图和分层剖面图。

（1）全剖面图

用一个剖切平面剖切，如图 2-19 所示。

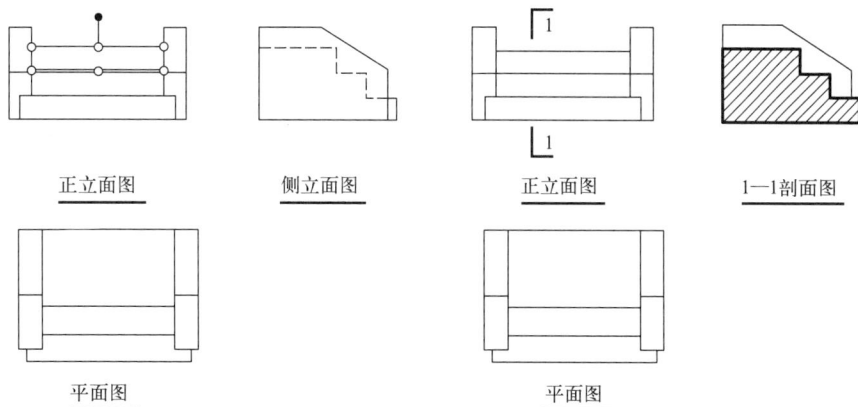

图 2-19　全剖面图

（2）阶梯剖面图

用两个或两个以上互相平行的剖切平面剖切（图 2-20）。

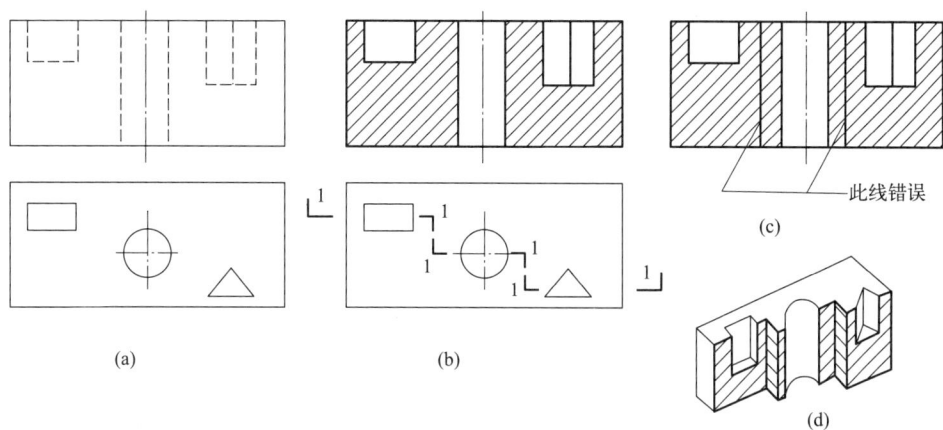

图 2-20　阶梯剖面图

（3）展开剖面图

用两个相交剖切面的剖切，如图 2-21 所示。

（4）局部剖面图

用剖切平面局部地剖开物体所得的剖面图称为局部剖面图（图 2-22）。

（5）分层剖面图

用几个互相平行的剖切平面分别将物体局部剖开，把几个局部剖面图重叠画

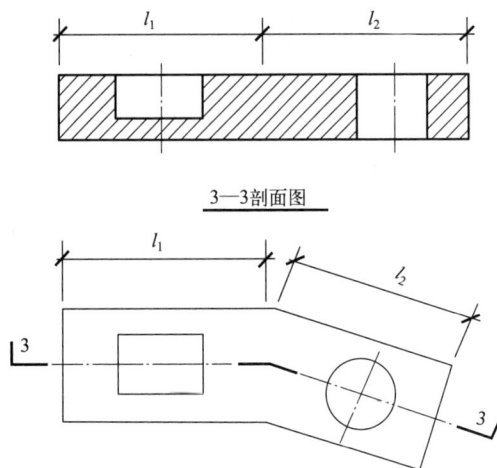

图 2-21 展开剖面图

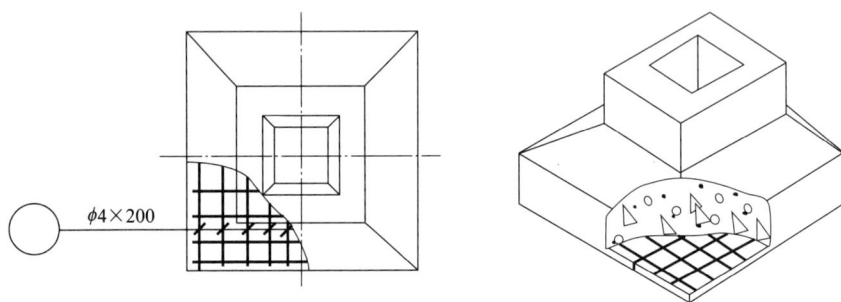

图 2-22 局部剖面图

在一个投影图上，用波浪线将各层的投影分开，这样的剖切称为分层局部剖面图（图 2-23）。

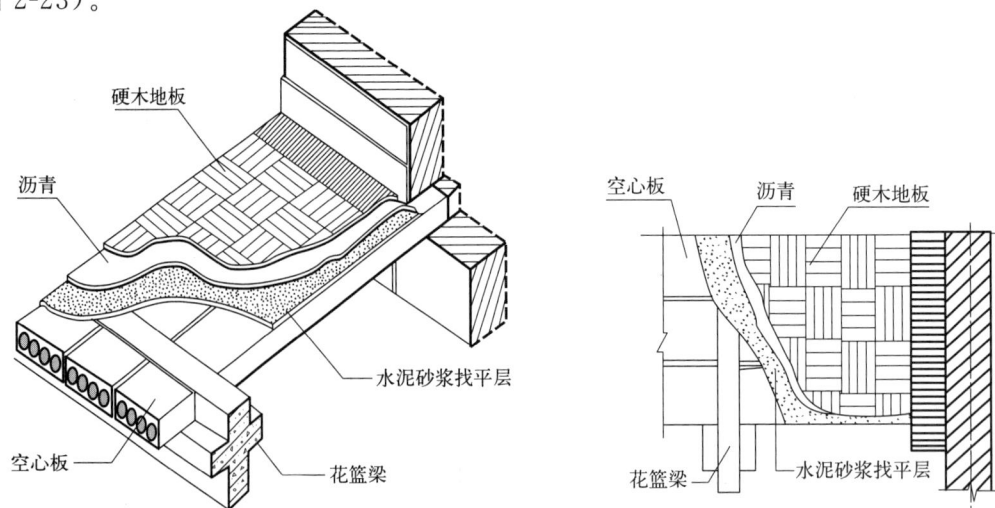

图 2-23 分层局部剖面图

5. 孔洞剖面图的画法

常见孔洞剖面图的画法如图 2-24 所示。

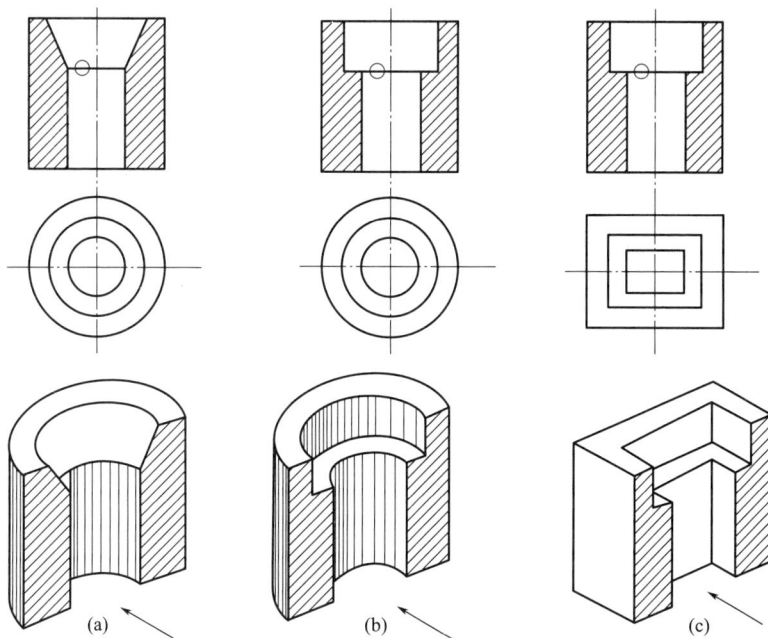

图 2-24　常见孔洞剖面图的画法

四、总结评价

机械制图技能实训报告与总结评价表见表 2-1。

表 2-1　机械制图技能实训报告与总结评价表

姓名			学号		班级	
实训时间			至	共	学时	
请简要叙述投影的基本概念,以及看图的基本方法						

续表

在本项目中,你学到了什么技能？有何感想和体会？你在哪些方面还要加强？										
自我评价	优		良		中		差		签名	
组长评价	优		良		中		差		签名	

教师评价	尊师守纪		优		良		中		差	
	劳动态度		优		良		中		差	
	团结互助精神		优		良		中		差	
	安全文明实训		优		良		中		差	
	遵守加工工艺规程		优		良		中		差	
	解决问题能力		优		良		中		差	
	技能掌握情况		优		良		中		差	
	评语 综合评定:优（ ） 良（ ） 中（ ） 差（ ） 指导教师： 　　　　　　　　　　　　　　年　月　日									

项目三　制作立方体

【项目描述】

通过制作立方体，了解立方体平面间的几何位置关系，学习锯、锉工具的使用，掌握锯、锉的基本方法，学会平面锉削和检测。

【学习目标】

① 掌握锉削的正确姿势，并能达到一定的锉削精度。

② 掌握锯削的正确姿势，并能达到一定的锯削精度。

③ 熟悉锯条折断的原因和防止折断的方法，了解锯缝产生歪斜的几种因素。

④ 能正确选用锉刀，并掌握平面的锉削方法。

⑤ 做到安全文明生产。

任务一　掌握锉削的正确方法

【学习目标】

① 了解锉削基础知识和要求。

② 了解锉削工具的结构。

③ 掌握锉削的正确姿势，并能达到一定的锉削精度。

【任务描述】

锉削操作技能是钳工非常重要的基本功。通过学习掌握锉削的要领和操作要求，为完成制作立方体做好操作训练准备。

一、锉削基础知识

1. 锉刀和锉削的作用

用各种形状的锉刀从工件表面上锉掉多余的余量，保证工件达到图样或工艺规定的尺寸、几何形状和表面粗糙度等技术要求的操作，称为锉削。

用锉刀锉削加工模具是一种手工操作，虽然生产效率低，但它是钳工的主要操作方法之一。因为在加工模具过程中，有很多模具无法在机床上加工出成品，按工艺规定留出一定的加工余量，然后由钳工锉削精加工来完成。

2. 锉刀

（1）锉刀规格及分类

锉刀是用碳素工具钢 T12 或 T13 经热处理后，再将工作部分淬火制成的。

锉刀分为钳工锉、异形锉和整形锉三类，钳工常用的是钳工锉。钳工锉按锉纹的粗细分为 5 个锉纹号，1 号最粗，5 号最细。钳工常用的钳工锉断面形状，如图 3-1 所示。

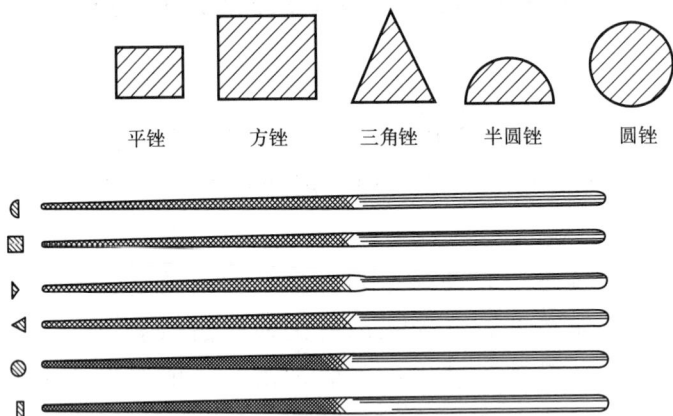

平锉　　方锉　　三角锉　　半圆锉　　圆锉

图 3-1　钳工锉断面形状

常用锉刀的长度分别为 100mm、150mm、200mm、250mm、300mm。此外，还有一种整形锉，俗称组锉，其形状如图 3-2 所示。

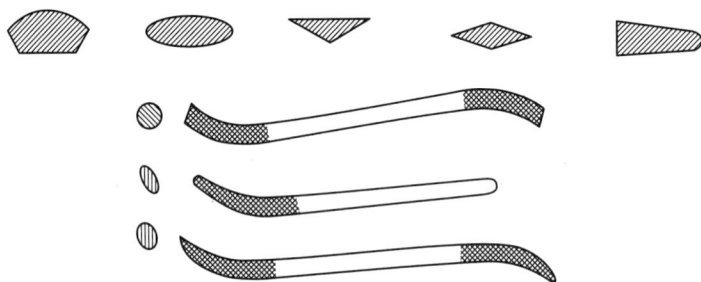

图 3-2　整形锉

（2）锉刀的齿纹

常用锉刀的齿纹分为单切齿和双切齿两种，如图 3-3 所示。特殊用途也有棘

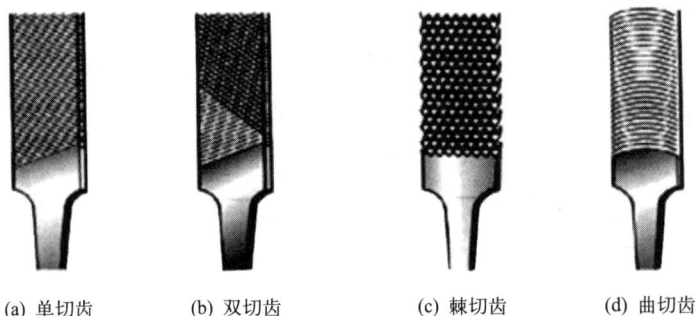

(a) 单切齿　　　(b) 双切齿　　　(c) 棘切齿　　　(d) 曲切齿

图 3-3　锉刀的齿纹

切齿和曲切齿的锉刀。

① 单切齿纹：锉刀上只有一个方向的齿纹称为单切齿纹，如图 3-3(a) 所示。用单切齿纹锉刀锉削时，由于全齿宽同时参加锉削，所以锉削力大，齿纹槽内容易塞满切屑，单切齿纹锉刀适用于锉削各种软材料。

② 双切齿纹：锉刀上有两个方向排列的深浅不同的齿纹称为双切齿纹，如图 3-3(b) 所示。浅的齿纹为底齿纹，深的齿纹为面齿纹。齿纹与锉刀中心线之间的夹角叫齿角，一般锉刀面齿纹为 65°，底齿纹的角度为 45°，由于面齿纹齿角与底齿纹齿角不相同，因此锉出的锉痕不重叠，表面光洁，一般用来锉削硬材料。

锉刀的粗细是指齿纹的粗细，以锉刀齿纹的齿距大小来表示。齿纹的粗细等级分为以下 4 种型号。

1 号：齿距为 0.8～2.3mm，用于粗齿锉刀；

2 号：齿距为 0.42～0.77mm，用于中齿锉刀；

3 号：齿距为 0.25～0.33mm，用于细齿锉刀；

4 号：齿距为 0.2～0.25mm，用于双细齿锉刀。

（3）锉刀各部分名称（图 3-4）

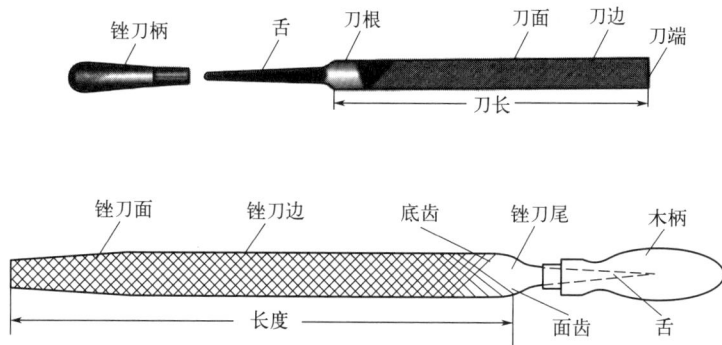

图 3-4　锉刀各部分名称

（4）锉刀柄的拆装方法（图 3-5）

3. 锉刀的使用及操作方法

① 锉刀的握法，如图 3-6 所示。

② 锉削姿势动作和锉削站位姿势，如图 3-7 所示。

③ 锉削时两手的用力和锉削速度。锉削时右手的压力要随锉刀的推动而逐渐增加，左手的压力要随锉刀的推动逐渐减小，如图 3-8 所示。回程时不加压力，以减少锉齿的磨损。锉削速度一般控制在每分钟 40 次左右，推出时稍慢，回程时稍快，动作要自然协调。

4. 锉刀的选择

（1）锉刀形状选择

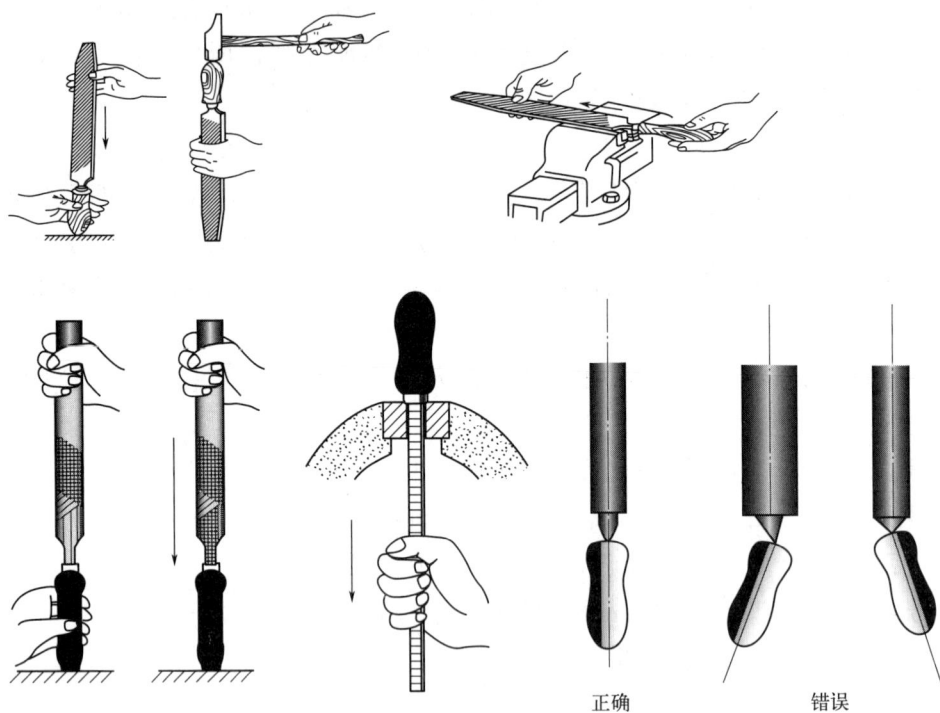

图 3-5　锉刀柄的拆装方法

正确　　　　错误

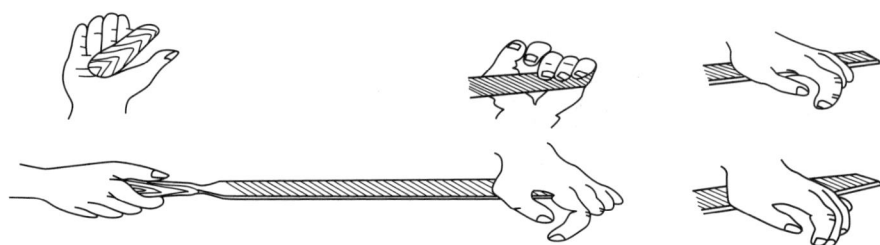

(a) 大板锉的握法

(b) 小锉刀的握法

图 3-6　锉刀的握法

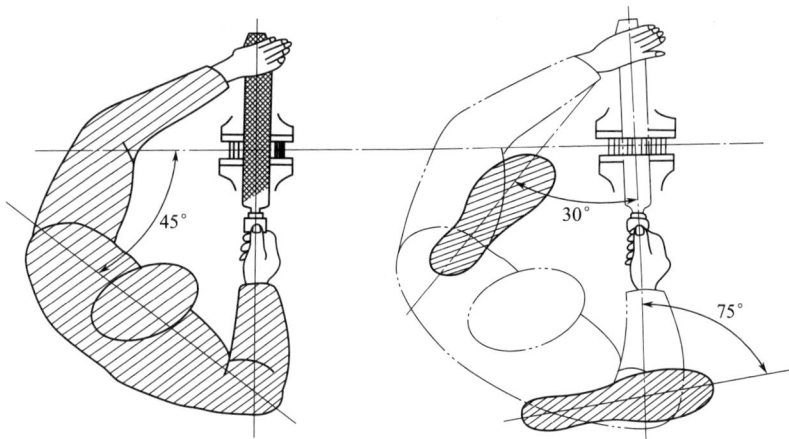

(a) 锉削姿势动作

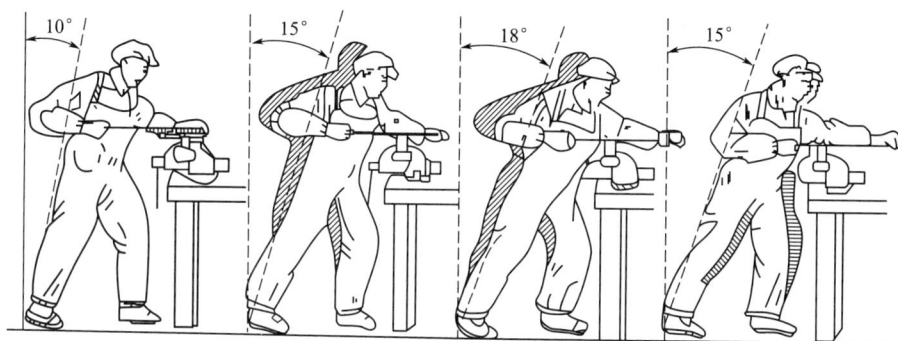

(b) 锉削站位姿势

图 3-7 锉削姿势动作和锉削站位姿势

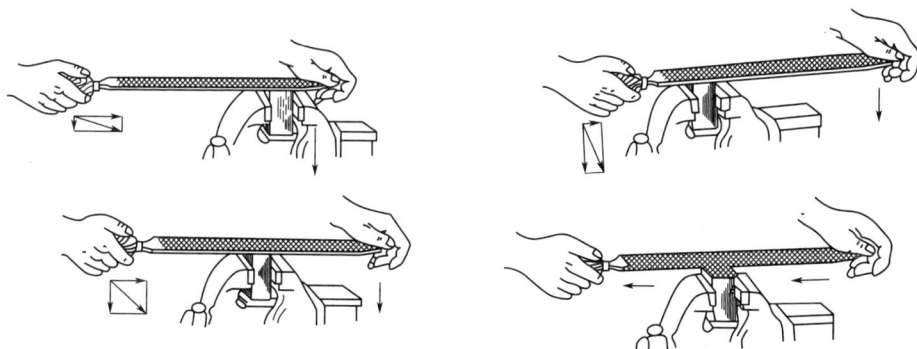

图 3-8 锉削时两手的用力变化

选择锉刀形状时，应考虑适应工件加工表面，如图 3-9 所示。

（2）锉刀锉齿粗细的选择

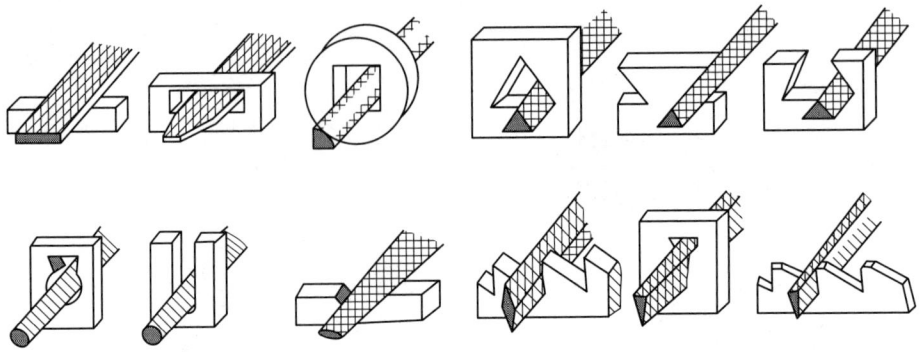

图 3-9　锉刀形状应适应工件加工表面的形状

锉刀的粗细规格选择决定于工件材料的性质、加工余量的大小、加工精度和表面粗糙度要求的高低，如表 3-1 所示。

表 3-1　锉刀的粗细规格选用

锉刀粗细	使用场合		
	锉削余量/mm	尺寸精度/mm	表面粗糙度 $Ra/\mu m$
1 号（粗齿锉刀）	0.5～1	0.2～0.5	100～25
2 号（中齿锉刀）	0.2～0.5	0.05～0.2	25～6.3
3 号（细齿锉刀）	0.1～0.3	0.02～0.05	12.5～3.2
4 号（双细齿锉刀）	0.1～0.2	0.01～0.02	6.3～1.6
5 号（油光锉刀）	0.1 以下	0.01	1.6～0.8

二、锉削方法及检查

1. 平面的锉削方法及使用场合

① 顺向锉及其使用场合，如图 3-10 所示，适用于精加工。

② 交叉锉及其使用场合，如图 3-11 所示，适用于粗加工。

③ 推锉及其使用场合，如图 3-12 所示，适用于狭长面的加工。

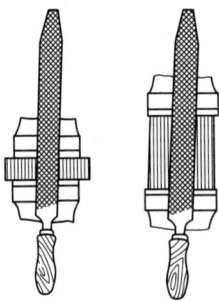

图 3-10　顺向锉

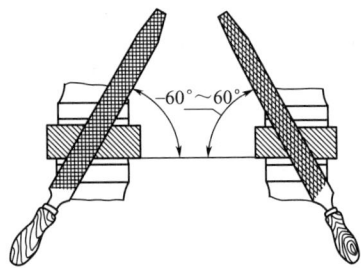

图 3-11　交叉锉

2. 检查平面度和垂直度

平面度和垂直度的检查方法如图 3-13 所示。

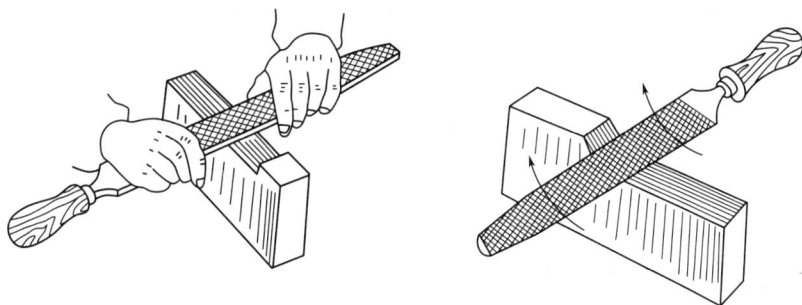

图 3-12 推锉

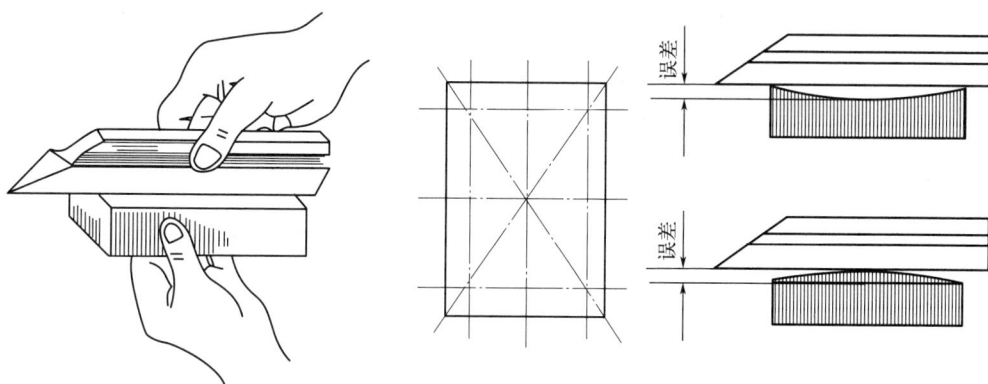

(a) 平面度的检查方法

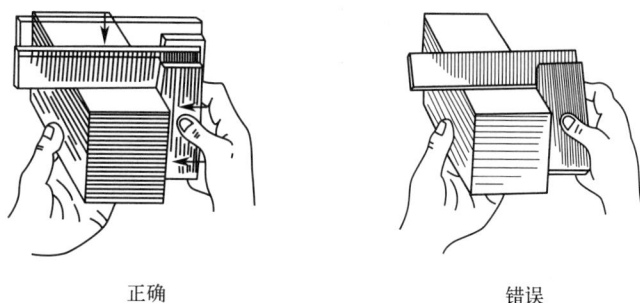

正确 错误

(b) 垂直度的检查方法

图 3-13 平面度和垂直度的检查方法

任务二 掌握锯削的正确方法

【学习目标】

① 了解锯削基础知识和要求。

② 了解锯削工具的结构。

③ 掌握锯削的正确姿势，并能达到一定的锯削精度。

【任务描述】

锯削操作技能是钳工重要的基本功。通过学习掌握锯削的要领和操作要求，为完成制作立方体做好操作训练准备。

一、锯削工具——手锯

（1）手锯的组成

手锯由锯弓和锯条组成，如图 3-14 所示。

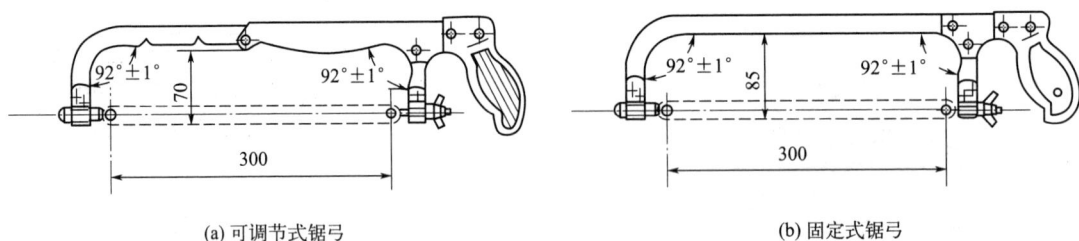

(a) 可调节式锯弓　　　　　　　　(b) 固定式锯弓

图 3-14　手锯

（2）锯条的材料

锯条一般由渗碳钢冷轧而成，经热处理淬硬处理。

（3）锯路

锯条在制造时，使锯齿按一定的规律左右错开，排列成一定形状，称为锯路，如图 3-15 所示。锯路的作用是为了减少锯缝两侧面对锯条的摩擦阻力，避免锯条被夹住或折断。

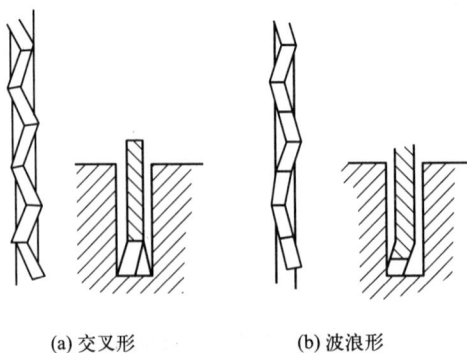

(a) 交叉形　　　　　　　(b) 波浪形

图 3-15　锯路的形状

（4）锯齿粗细与锯条选用（表 3-2）

表 3-2　锯齿粗细与锯条选用

锯齿粗细	每 25mm 内的齿数/个	应用
粗齿	14～18	锯削软钢、黄铜、铝、铸铁、紫铜等材料
中齿	22～24	锯削中等硬度钢、厚壁的钢管、铜管等
细齿	32	锯削薄片金属、薄壁管子
细变中	32～20	一般工厂中用,易于起锯

（5）锯条的安装（图 3-16）

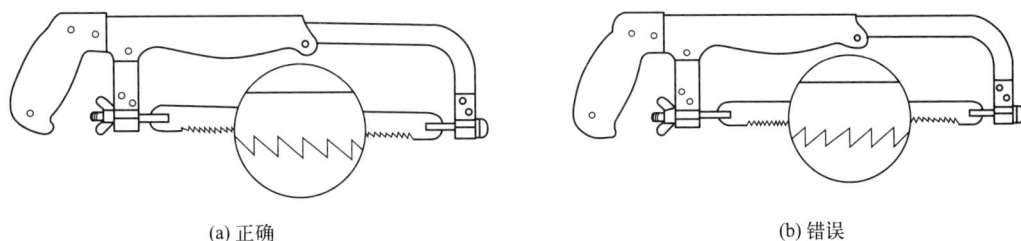

(a) 正确　　　　　　　　　　　　　　(b) 错误

图 3-16　锯条的安装

二、锯削操作方法

（1）手锯的握法（图 3-17）

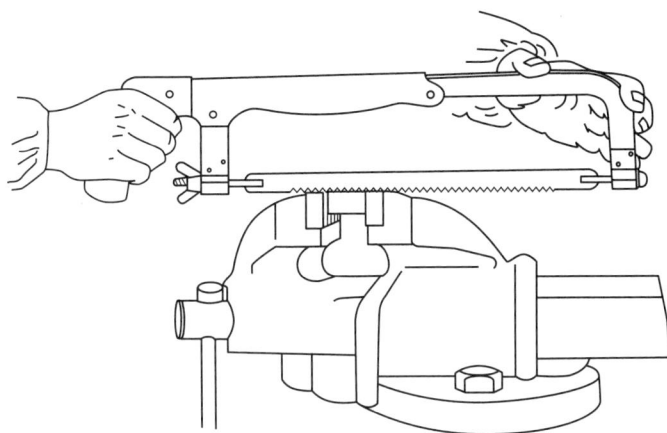

图 3-17　手锯的握法

（2）锯削件的夹持方法

一般夹持在台虎钳的左面,以便操作;工件伸出钳口不应过长（应使锯缝离开钳口侧面 20mm 左右,防止工件在锯割时产生振动）;锯缝线要与钳口保持平行;夹紧要牢固。

（3）起锯方法（图 3-18）

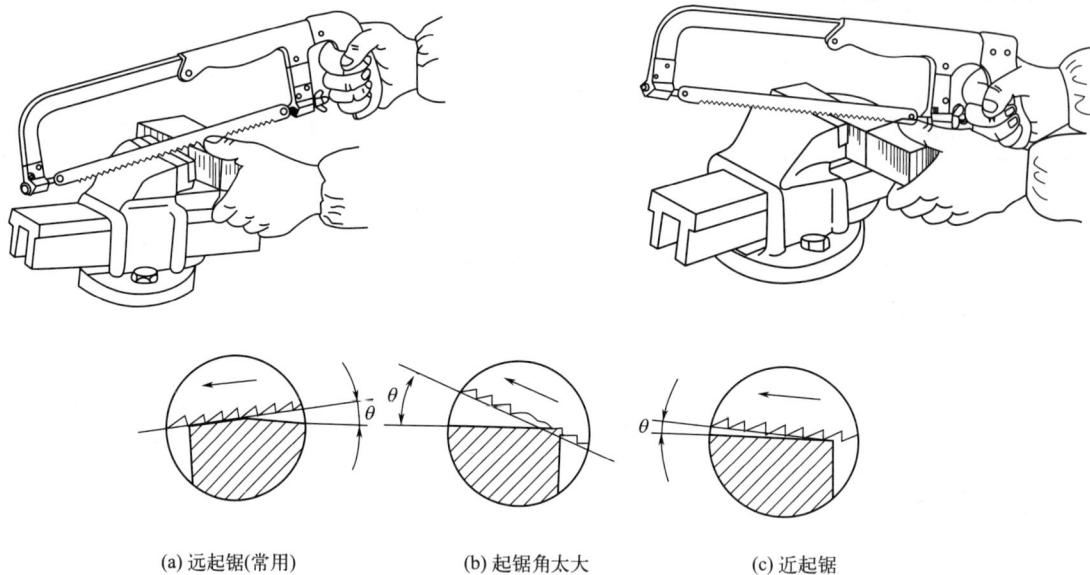

| (a) 远起锯(常用) | (b) 起锯角太大 | (c) 近起锯 |

图 3-18　起锯方法

（4）锯削姿势

锯削的运动姿势与锉削基本相同。

（5）锯削的压力

锯削时，推力和压力由右手控制，左手主要配合右手扶正锯弓，压力不要过大。手锯推出时为锯削行程，应施加压力，返回行程不切削，不加压力，作自然拉回。注意：工件将断时压力要小。

（6）锯削运动和速度

锯削运动一般采用小幅度的上下摆动式运动。

锯削运动的速度一般为每分钟 40 次左右。

锯削硬材料慢些，锯削软材料快些，同时锯削行程应保持均匀，返回行程应相对快些。

任务三　游标卡尺的使用

【学习目标】

① 了解游标卡尺的结构及特点。

② 掌握游标卡尺的正确使用方式。

【任务描述】

游标卡尺是常用的一种测量工具，在钳工操作中是重要的测量工具，掌握游标卡尺的使用是必不可少的技能。

1. 游标卡尺的结构

如图 3-19 所示，游标卡尺主要由尺身和游标组成。

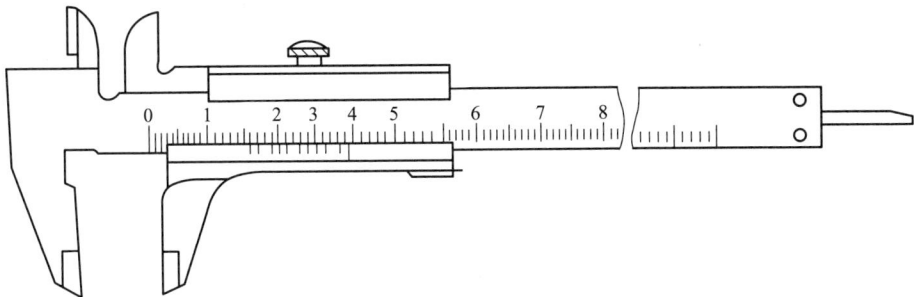

图 3-19　游标卡尺的结构

2. 游标卡尺的作用

游标卡尺主要用来测量工件的外尺寸、工件的内尺寸和工件的深度尺寸。

3. 游标卡尺的读数方法

如图 3-20 所示。此尺尺身上每 1 小格的刻度值是 1mm，游标上每 1 小格的刻度值是 0.02mm。游标卡尺的读数方法如下。

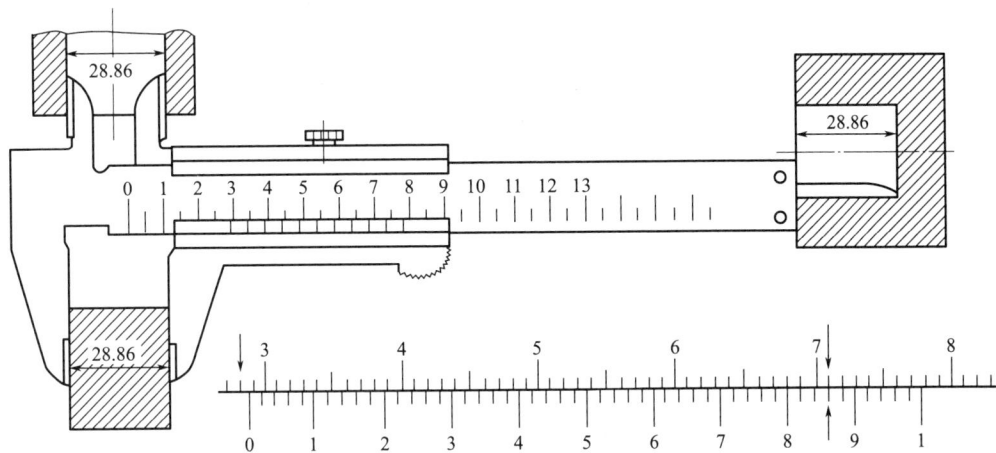

图 3-20　游标卡尺的作用与读数方法

① 读出游标上零线左面尺身的毫米整数值，图中为 28mm。

② 在游标上找出哪一条刻度线与尺身刻度线对齐，读出尺寸的毫米小数值，图中为 0.86mm。

③ 将尺身上读出的整数和游标上读出的小数相加即为测量值，图示为 28＋0.86＝28.86（mm）。

4. 游标卡尺的使用方法

游标卡尺的使用方法，如图 3-21 所示。

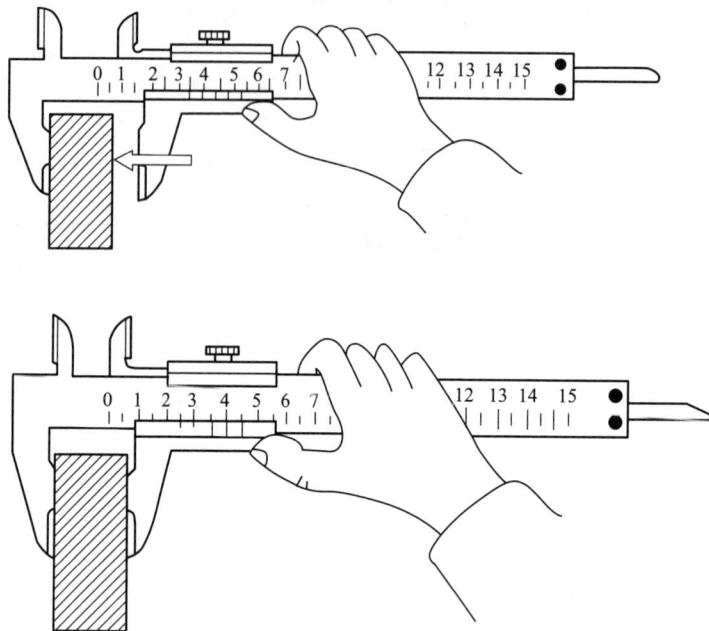

图 3-21 游标卡尺的使用方法

任务四 制作立方体

【学习目标】

① 了解立方体的结构及各个面之间的关系。

② 读懂图中元素含义。

③ 掌握立方体的制作工艺及方法，并能达到一定的加工精度。

【任务描述】

立方体由六个相互平行或垂直的面组成，如图 3-22 所示。按图所标注的尺寸和要求，在规定课时完成立方体的制作。

一、制作立方体

采用台虎钳夹紧，装夹时需注意毛坯件的水平位置，同时，工件外伸端预留出足够的长度。因此，加工前要对工件进行找正，用钢直尺测量预留长度。

如图 3-22 所示，材料尺寸为 $\phi 32 \times 25$mm 的 45 钢棒料，工具和量具包括 150mm 钢直尺、0～150mm 游标卡尺，以及锉刀、锯弓、木榔头、毛刷、划线盘、铜皮、锯片、垫片若干。

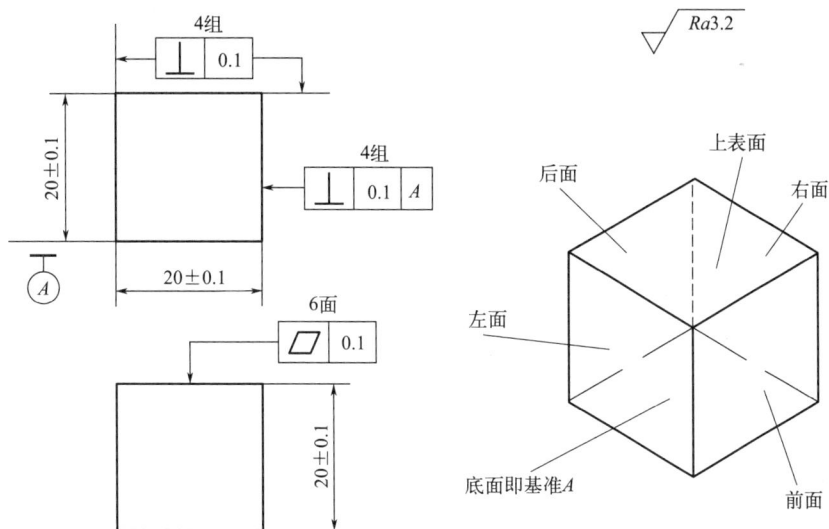

图 3-22 立方体

二、操作注意事项

① 一定要遵守操作规程，每个工序完成后都要交给指导老师检查。

② 在锉削和锯削过程中一定要掌握正确的姿势，并养成良好的习惯。

③ 要做到安全第一，文明实训。

④ 工量具要放在规定的部位，使用时轻拿轻放。

⑤ 锯削时要注意锯缝的平直情况，及时纠正。

⑥ 在锉削时要正确掌握好加工余量，认真仔细检查尺寸要求等情况，避免误差。

三、操作步骤与过程监测

操作步骤与过程监测记录表见表 3-3。

表 3-3 操作步骤与过程监测记录表

序号	加工步骤	教师监测记录	备注
1	锉削加工棒料的一个端面,达到平面度和垂直度要求		
2	划线并下料		
3	锉削加工棒料的另一个端面,达到图样相关要求		
4	在底面和上表面划出边长为 20mm 的正方形,打上样并冲眼		
5	锯削前面的余料		
6	粗、精锉削加工前面,达到图样相关要求,并控制好前面至圆柱母线的尺寸 25mm		
7	锯削左面的余料		

续表

序号	加工步骤	教师监测记录	备注
8	粗、精锉削加工左面,达到图样相关要求,并控制好左面至圆柱母线的尺寸25mm		
9	锯削后面的余料		
10	粗、精锉削加工后面,达到图样相关要求		
11	锯削右面的余料		
12	粗、精锉削加工右面,达到图样相关要求		
13	复检		
14	倒棱		
15	上交评分		

四、填写加工工艺卡

加工工艺卡见表3-4。

表3-4   加工工艺卡

钳工实训加工工艺卡片				零件名称		
工序号	工步号	工序工步名称	工步内容	设备	工艺装备	工时
编制		审核		日期		

五、评分

评分标准见表3-5。

表3-5   评分标准

序号	评分项目及要求	学生自测	教师检测	单次配分
1	尺寸要求(16±0.1)mm(超差不得分)			4
2	尺寸要求(24±0.1)mm(3处)(超差不得分)			4

续表

序号	评分项目及要求	学生自测	教师检测	单次配分
3	120°要求(6处)(超差不得分)			3
4	平面度要求 0.04mm(6处)(超差不得分)			4
5	垂直度要求 0.04mm(6处)(超差不得分)			4
6	平行度要求 0.04mm,(超差不得分)			5
7	攻螺纹 M12(乱扣、滑牙不得分)			6
8	螺纹上表面修饰			8
9	表面粗糙度 $Ra3.2\mu m$(8处)			0.5
10	安全文明生产(每违反一次扣5分)			—5
11	时间定额 24 学时(每超额 1 学时扣 5 分)	开始时间		—5
		结束时间		
		实际工时		
12	总分			

六、问题思考

完成任务后，请思考并回答下面的问题。

1. 分析锉削平面不平的原因。

_____

_____

_____

_____

_____

2. 请简述锪孔操作的注意事项。

_____

_____

_____

_____

3. 简述锉刀的保养注意事项。

4. 分析锯缝歪斜的原因。

七、总结评价

制作立方体的实训报告与总结评价表见表 3-6。

表 3-6　制作立方体的实训报告与总结评价表

姓名		学号		班级	
实训时间			至	共　　　　学时	
请简要写出制作立方体的加工工艺					

在本项目中,你学到了什么技能？有何感想和体会？你在哪些方面还要加强？

自我评价	优		良		中		差		签名	
组长评价	优		良		中		差		签名	

教师评价	尊师守纪	优		良		中		差	
	劳动态度	优		良		中		差	
	团结互助精神	优		良		中		差	
	安全文明实训	优		良		中		差	
	遵守加工工艺规程	优		良		中		差	
	解决问题能力	优		良		中		差	
	技能掌握情况	优		良		中		差	
	评语 综合评定:优(　) 良(　) 中(　) 差(　) 指导教师: 　　　　　　　　　　　　　　　　　　　　　　　年　月　日								

项目四　制作六角螺母

【项目描述】

通过制作六角螺母，了解六方几何体的几何位置关系及制作六角螺母的方法，学习划线、锯、锉、钻、攻螺纹工具的使用，掌握钻、攻螺纹的基本方法，学会划线工具的使用。

【学习目标】

① 熟练掌握划线工具的使用及操作方法。

② 掌握钻孔的操作方法。

③ 掌握攻螺纹的操作方法。

④ 掌握六角螺母的加工工艺。

⑤ 做到安全文明生产。

任务一　划线工具的使用

【学习目标】

① 了解划线工具的种类。

② 掌握划线工具的使用及划线的方法。

③ 掌握六角螺母的划线方法。

【任务描述】

划线是钳工加工中的一道重要工序，了解划线工具的结构特点，掌握划线工具的使用及划线的方法，是钳工操作必不可少的基本功。

一、划线工具的使用

1. 划线的作用

① 确定工件的加工位置和加工余量。

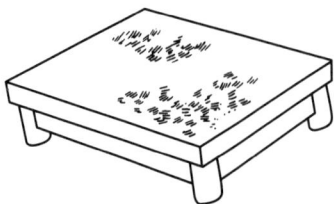

图 4-1　划线平台

② 及时发现和处理不合格的毛坯。

③ 便于复杂工件在机床上的安装，可以按划线找正定位。

2. 常用划线工具及其使用方法

（1）划线平台

作为划线的基准平面如图 4-1 所示。

（2）高度尺

用于刻画高度尺寸的工具，如图 4-2 所示。

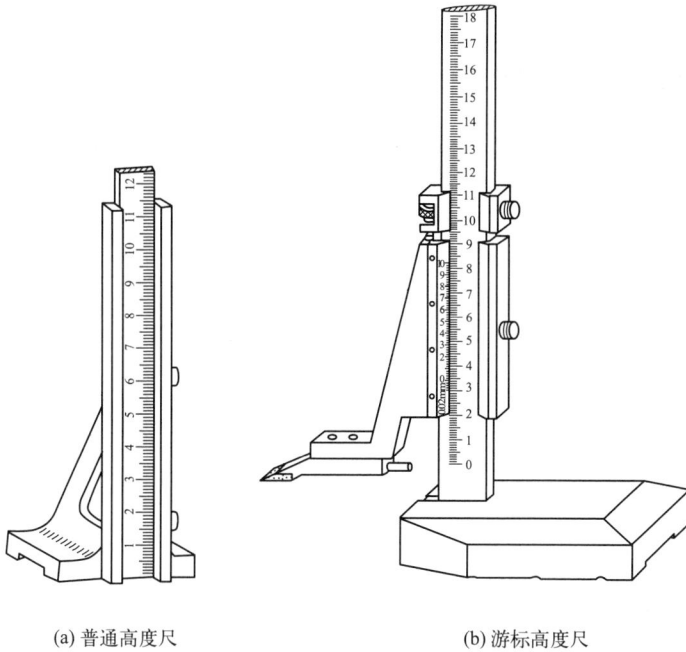

(a) 普通高度尺　　　　　　　　　　(b) 游标高度尺

图 4-2　高度尺

（3）钢直尺

量取尺寸、测量工件和划直线时的导向工具，如图 4-3 所示。

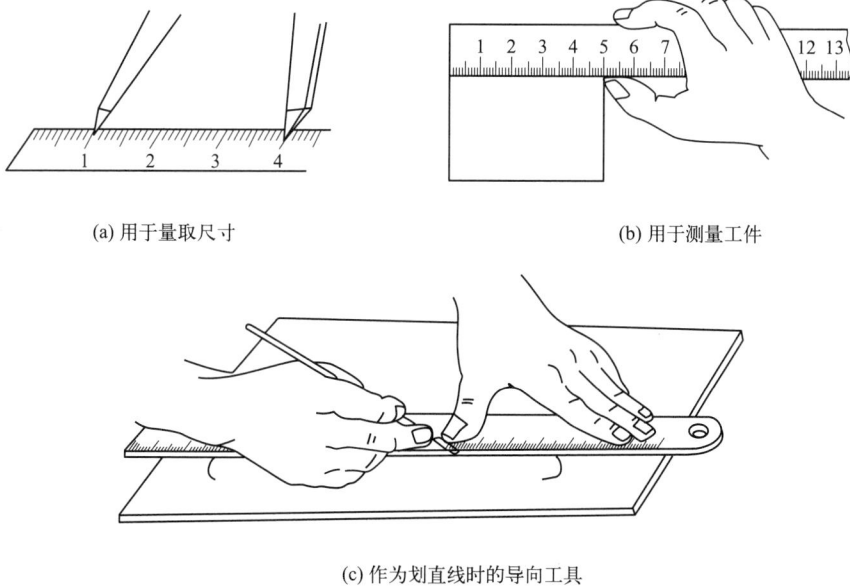

(a) 用于量取尺寸　　　　　　　　　　(b) 用于测量工件

(c) 作为划直线时的导向工具

图 4-3　钢直尺及使用

（4）划针

用于在工件上划线条的工具。划针的结构如图 4-4 所示，划针的用法如图 4-5 所示。

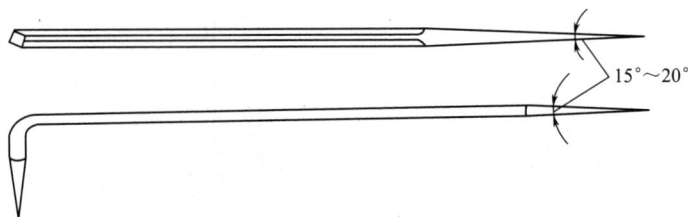

图 4-4　划针的结构

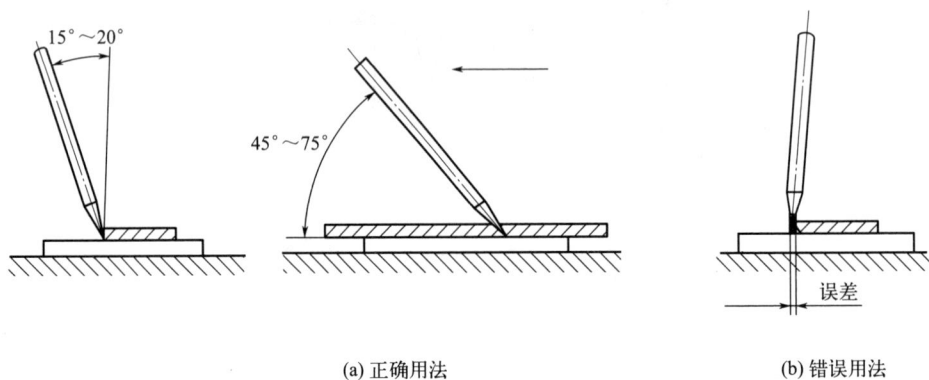

(a) 正确用法　　　　　　　　(b) 错误用法

图 4-5　划针的用法

（5）划规

用于划圆和圆弧、量取尺寸的工具，如图 4-6 所示。

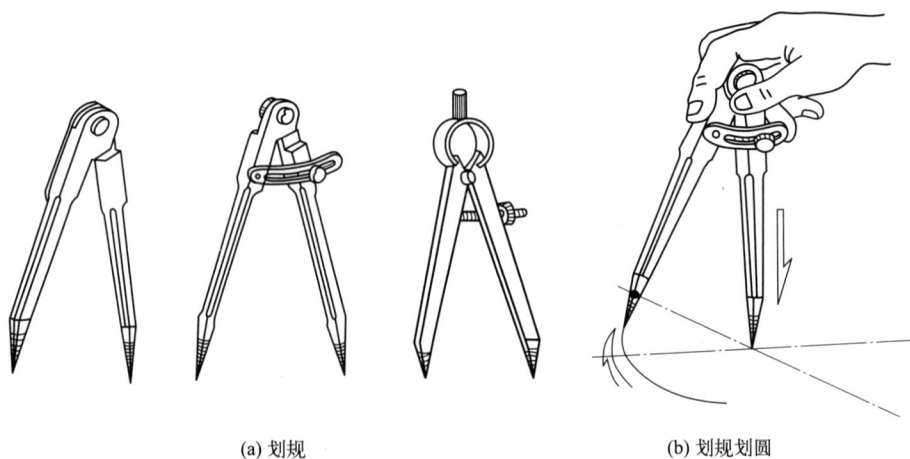

(a) 划规　　　　　　　　(b) 划规划圆

图 4-6　划规

（6）样冲

用于在工件所划加工线条上打样冲眼，做加强界限标志和做划圆弧或钻孔时的定位中心工具，样冲的使用方法如图 4-7 所示。

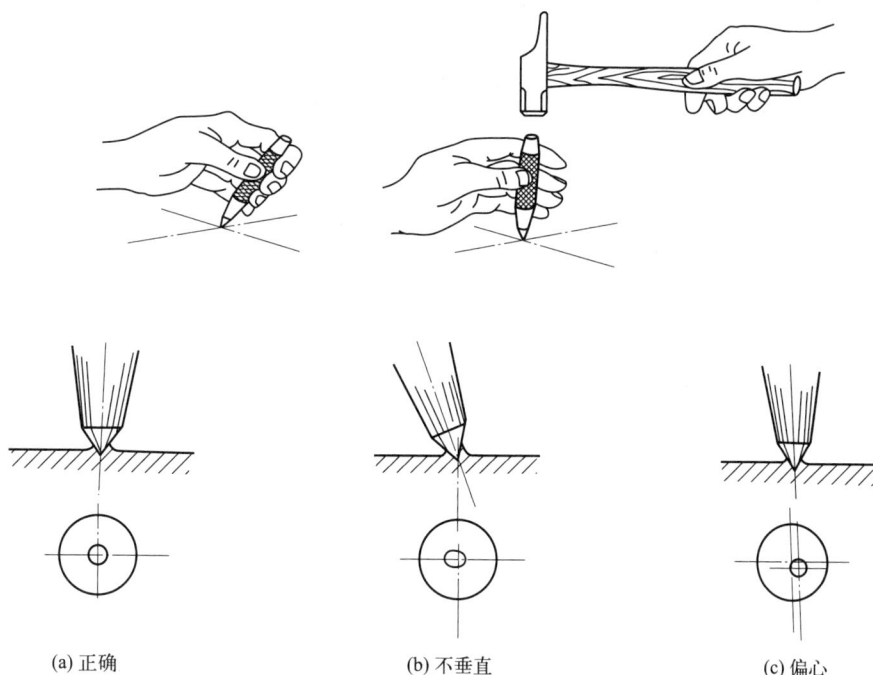

(a) 正确　　　　　　　(b) 不垂直　　　　　　　(c) 偏心

图 4-7　样冲的使用方法

二、六角螺母的划线方法

划线操作要在螺母上下两面锉削加工完成之后进行，指导教师分组进行示范，在圆柱上加工六角螺母的划线方法如图 4-8 所示。

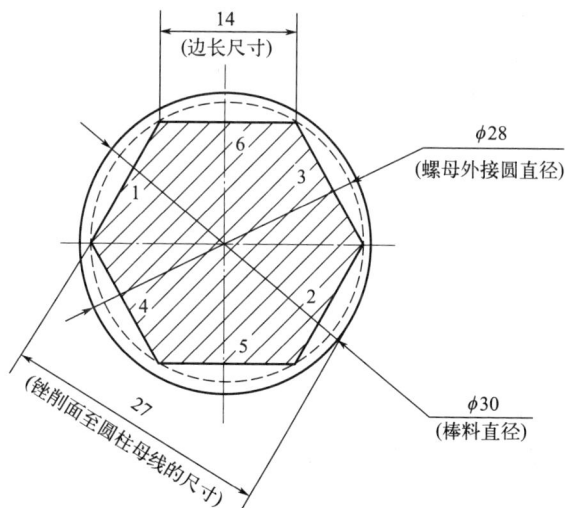

图 4-8　六角螺母的划线方法

① 在圆柱面上找正划出圆柱的两条相互垂直的中心线。

② 在两断面上划出直径为 $\phi28$ 的圆。

③ 六等分圆柱上所划的圆。

④ 分别把两端面上的等分点顺序连接起来即可。

任务二　钻孔及攻螺纹的操作方法

【学习目标】

① 了解并掌握钻孔设备的使用及钻孔的方法。

② 掌握攻螺纹的方法。

【任务描述】

钻孔是钳工加工中的常见工序，掌握钻孔设备的使用及操作方法，是钳工操作必不可少的基本功。

一、钻孔加工

1. 钻孔

用钻头在实体材料上加工孔的操作叫钻孔，如图 4-9 所示。

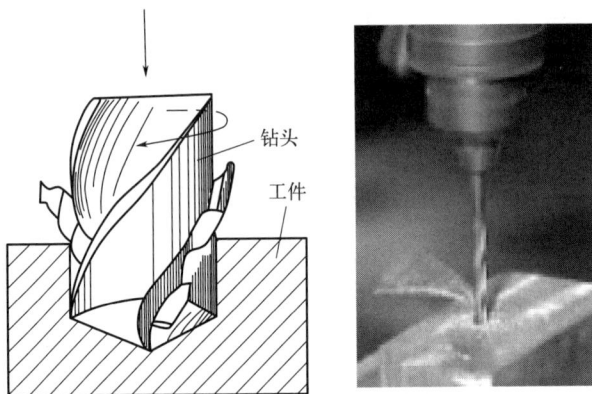

图 4-9　钻孔

钻孔加工占机械加工总量的 25% 左右，在机械加工中占重要的地位，钻孔是钳工应掌握的基本操作技能之一，也是为后续锪孔、扩孔、铰孔等技能学习奠定基础。

2. 常用的钻孔设备

台式钻床、立式钻床和摇臂钻等是钻孔常用的设备。台式钻床如图 4-10 所示，是一种固定在工作台上，属于小型钻床，简称台钻，其最大钻孔直径为 13mm。

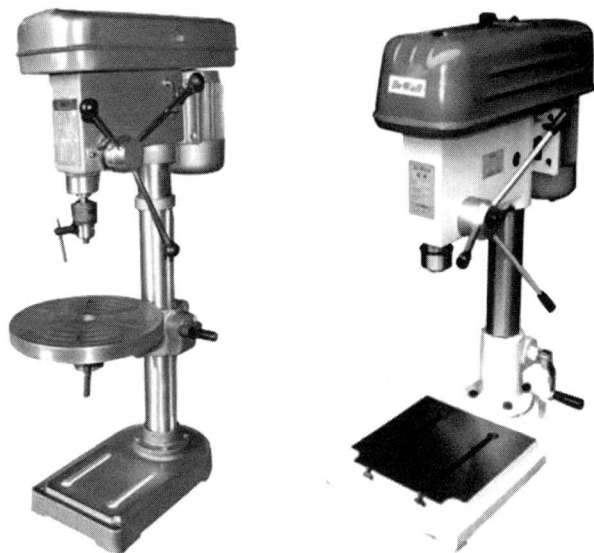

图 4-10　台式钻床

　　台钻结构简单，操作方便，转速和效率比较高；主轴有 5 种转速，手动进给。台钻的结构如图 4-11 所示。

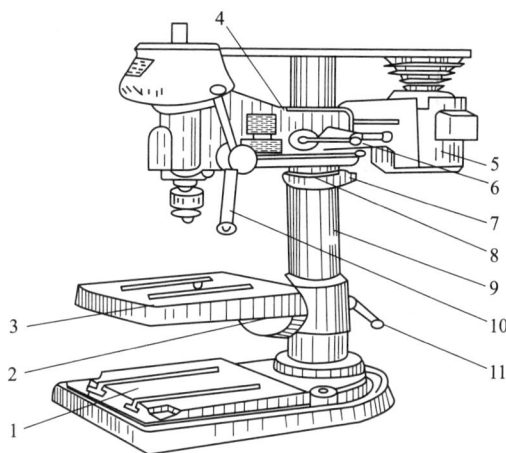

图 4-11　台钻的结构

1—底座面；2—锁紧螺钉；3—工作台；4—头架；5—电动机；6—手柄；

7—螺钉；8—保险环；9—立柱；10—进给手柄；11—锁紧手柄

　　立式钻床简称立钻，如图 4-12 所示，主轴箱和工作台安置在立柱上。其刚性好、强度大、精度高、变速范围较大、功率较大，不但可用来进行钻孔，还可以扩孔、镗孔、铰孔、攻螺纹和锪端面等。

　　摇臂钻床如图 4-13 所示，依靠移动主轴对工件加工，操作方便、灵活。适用于对大、中型工件在同一平面内、不同位置的多孔系进行钻孔、扩孔、锪孔、

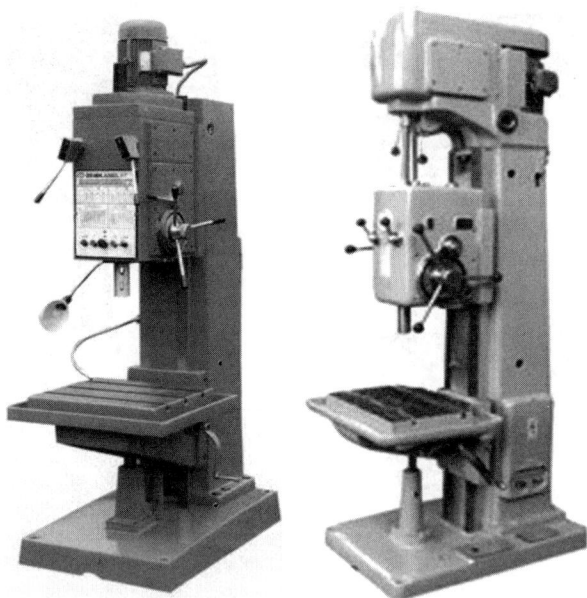

图 4-12　立式钻床

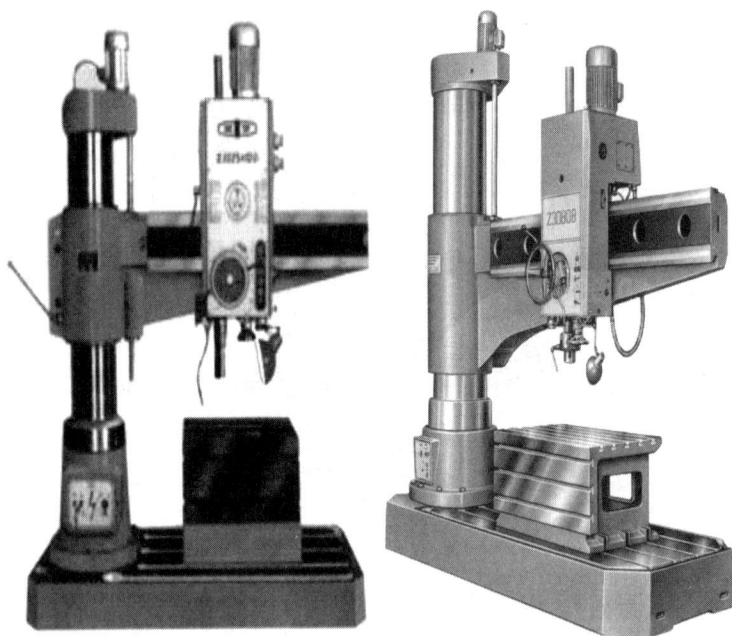

图 4-13　摇臂钻床

镗孔、铰孔、攻螺纹和锪端面等。

3. 钻头

钻头是用以在实体材料上钻削出通孔或盲孔，并能对已有的孔扩孔的刀具。常用的钻头主要有麻花钻（图 4-14）、扁钻、中心钻、深孔钻和套料钻。扩孔钻和锪钻虽不能在实体材料上钻孔，但习惯上也将它们归入钻头一类。

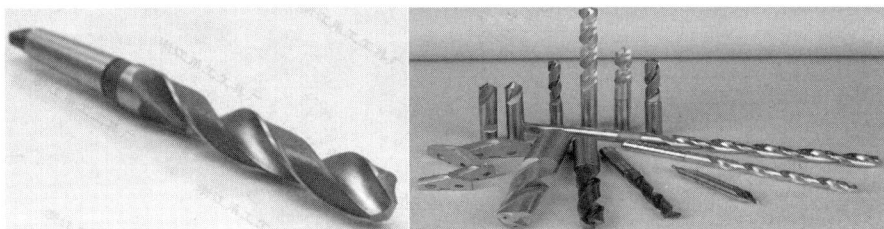

图 4-14 麻花钻

① 标准麻花钻的结构如图 4-15 所示。

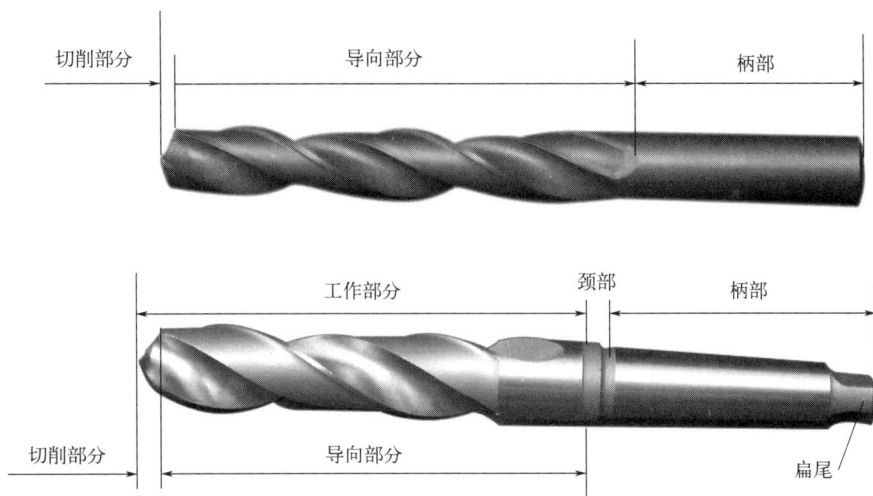

图 4-15 标准麻花钻的结构

② 标准麻花钻的切削角度如图 4-16 所示。

③ 钻头夹及使用方法如图 4-17 所示。

④ 工件的装夹。为了保证工件的加工质量和操作安全，钻削时工件必须牢固地装夹在夹具或工作台上，常用工件的装夹方法如图 4-18 所示。

手虎钳用于装夹小而薄的工件，平口钳用于装夹加工过而平行的工件，压板用于装夹大型工件。

4. 钻孔操作方法及其注意事项

① 首先要注意操作安全，工件最好要固定稳，能用压板固定的最好能固定住，这样可以防止工件在钻孔时甩出去。

② 在钻孔时，要注意对钻头进行冷却，防止钻头干钻而烧钻头。

③ 在钻比较深的孔时，要勤退屑，防止钻头被钻屑挤住而造成钻头的折断。

④ 在钻孔时，如果钻头不锋利了，不要再勉强继续钻孔，那样会加速钻头的磨损，缩短钻头的使用寿命。

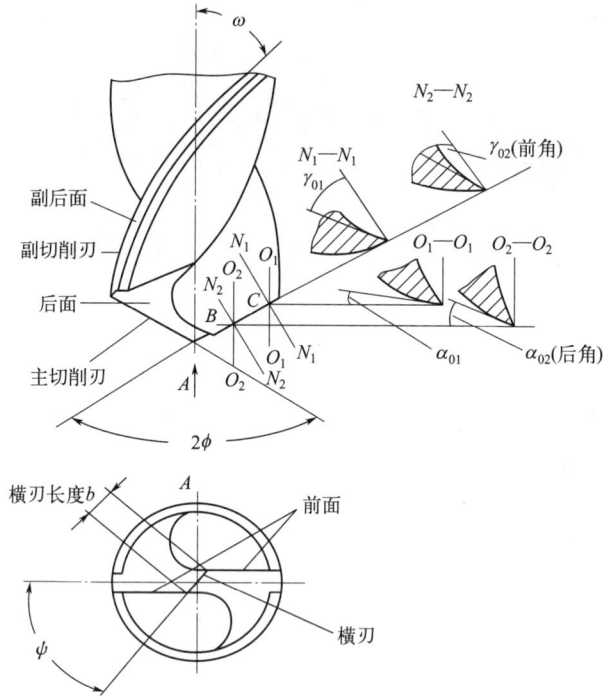

图 4-16　标准麻花钻的切削角度

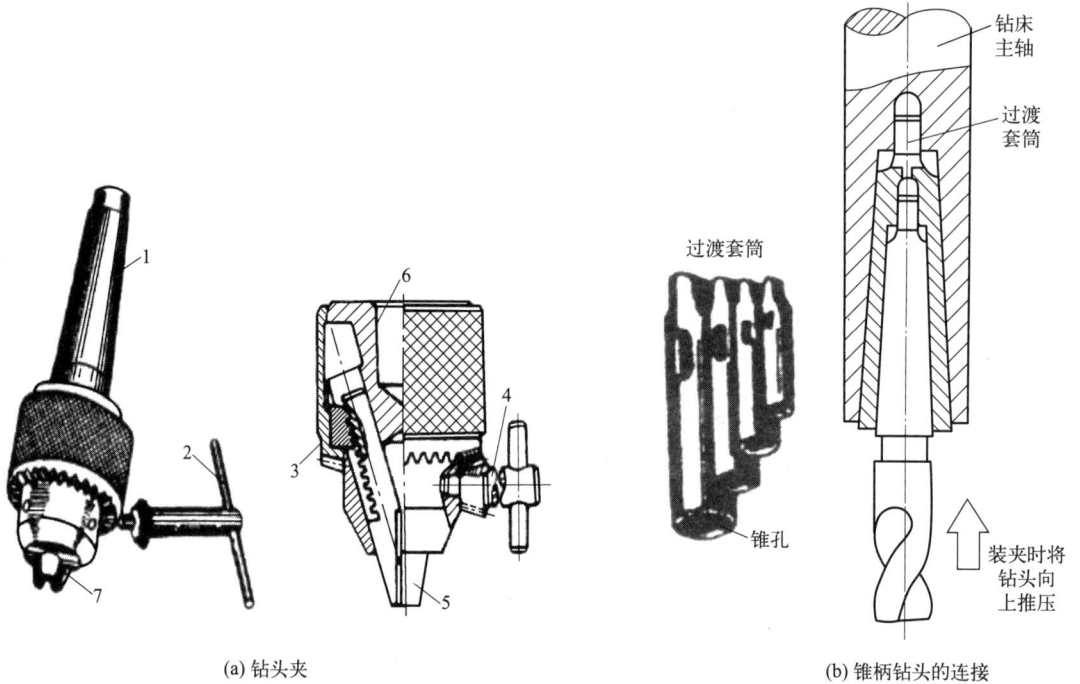

(a) 钻头夹

1—锥柄；2,4—扳手；3—环形螺纹；
5,7—自动定心夹爪；6—锥柄安装孔

(b) 锥柄钻头的连接

图 4-17　钻头夹及使用方法

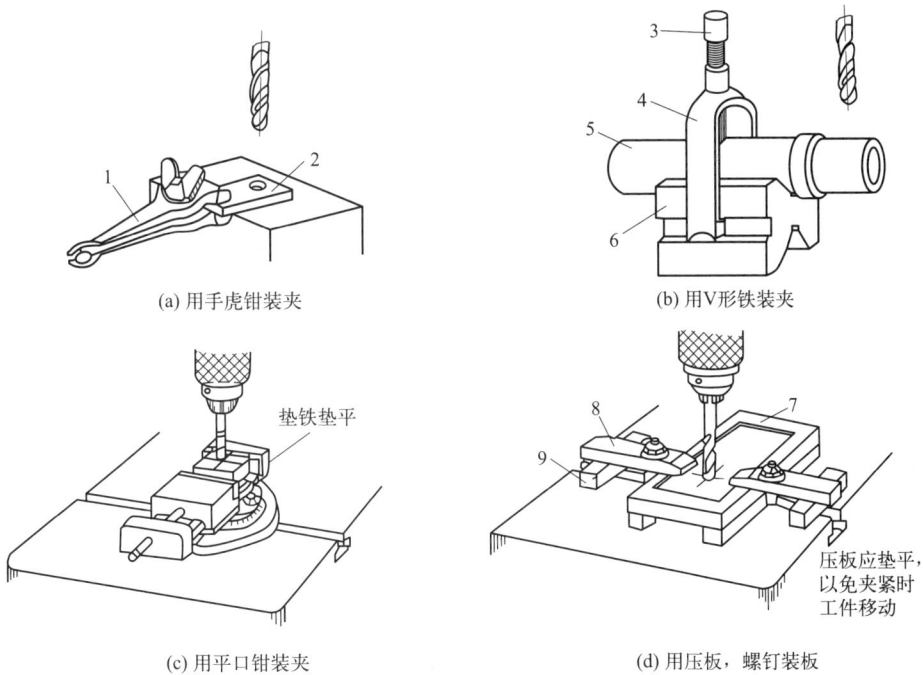

(a) 用手虎钳装夹　　　　　　　　　(b) 用V形铁装夹

(c) 用平口钳装夹　　　　　　　　　(d) 用压板，螺钉装板

图 4-18　常用工件的装夹方法

1—手虎钳；2,5,7—工件；3—压紧螺钉；4—弓架；6—V形铁；8—压板；9—垫铁

⑤ 在钻孔时，一定要将钻床停下来再清理钻屑，否则在钻床工作时去清理钻屑，会很容易被钻屑挂住，造成手被卷进去的危险。

二、攻螺纹的工具及操作方法

用丝锥在孔中切削加工内螺纹的方法称为攻螺纹。

1. 丝锥和铰杠

丝锥和铰杠是攻螺纹的常用工具，如图 4-19 所示。丝锥是一种加工内螺纹

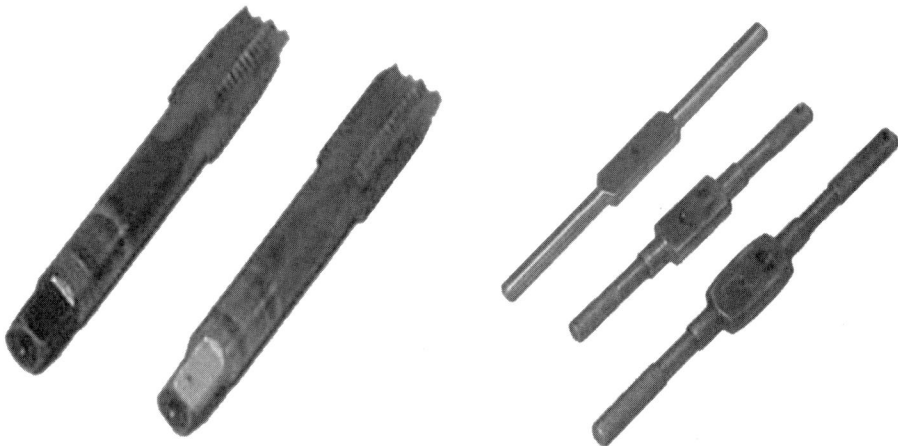

图 4-19　丝锥和铰杠

的刀具,沿轴向开有沟槽。铰杠是手工攻螺纹时用的一种辅助工具。铰杠分普通铰杠和丁字形铰杠两类。

（1）丝锥的结构

丝锥由工作部分和锥柄组成,如图 4-20 所示。工作部分包括切削部分和校准部分。切削部分磨出锥角,校准部分具有完整的齿形,柄部有方榫。

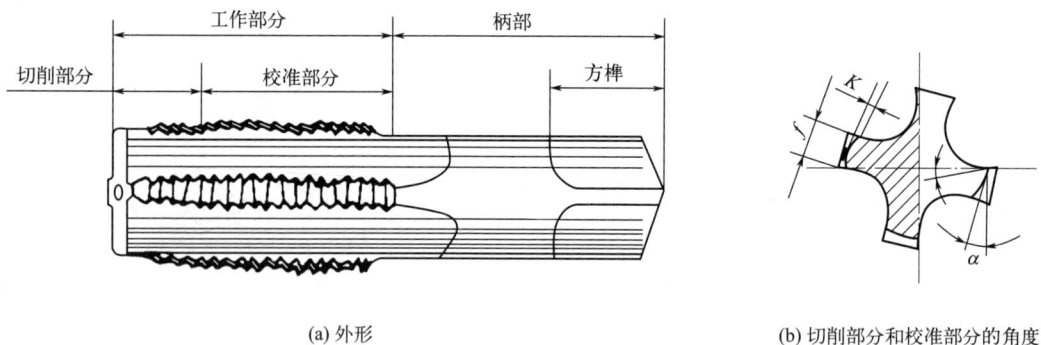

(a) 外形　　　　　　　　　　　　　　　　(b) 切削部分和校准部分的角度

图 4-20　丝锥的结构

（2）铰杠的形状

铰杠的形状如图 4-21 所示。

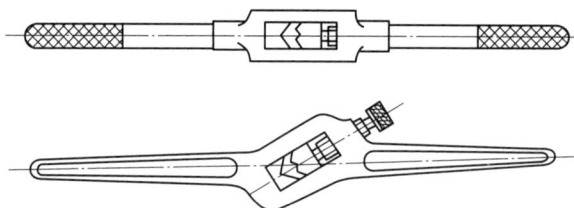

图 4-21　铰杠的形状

2. 螺纹底孔直径的确定方法

普通螺纹底孔直径的经验计算公式

脆性材料：
$$D_底 = D - 1.05P$$

韧性材料：
$$D_底 = D - P$$

式中　$D_底$——底孔直径,mm；

　　　D——螺纹大径,mm；

　　　P——螺距,mm。

螺纹底孔直径的大小,应根据工件材料的塑性和钻孔时的扩张量来考虑,这样,在攻螺纹时,既有足够的空隙接纳被挤出的材料,又能够保证加工出的螺纹具有完整的牙型。常用的普通螺纹攻螺纹前钻底孔的钻头直径可参见表 4-1。

表 4-1　常用的普通螺纹攻螺纹前钻底孔的钻头直径　　　　　　　　　　　mm

螺纹直径 D	螺距 P	钻头直径 D_0		螺纹直径 D	螺距 P	钻头直径 D_0	
		铸铁、青铜、黄铜	钢、可锻铸铁、紫铜、层压板			铸铁、青铜、黄铜	钢、可锻铸铁、紫铜、层压板
2	0.4	1.6	1.6	2.5	0.45	2.05	2.05
	0.25	1.75	1.75		0.35	2.15	2.15
3	0.5	2.5	2.5	16	2	13.8	14
	0.35	2.65	2.65		1.5	14.4	14.5
4	0.7	3.3	3.3		1	14.9	15
	0.5	3.5	3.5	18	2.5	15.3	15.5
5	0.8	4.1	4.2		2	15.8	16
	0.5	4.5	4.5		1.5	16.4	16.5
6	1	4.9	5		1	16.9	17
	0.75	5.2	5.2	20	2.5	17.3	17.5
8	1.25	6.6	6.7		2	17.8	18
	1	6.9	7		1.5	18.4	18.5
	0.75	7.1	7.2		1	18.9	19
10	1.5	8.4	8.5	22	2.5	19.3	19.5
	1.25	8.6	8.7		2	19.8	20
	1	8.9	9		1.5	20.4	20.5
	0.75	9.1	9.2		1	20.9	21
12	1.75	10.1	10.2	24	3	20.7	21
	1.5	10.4	10.5		2	21.8	22
	1.25	10.6	10.7		1.5	22.4	22.5
	1	10.9	11		1	22.9	23
14	2	11.8	12				
	1.5	12.4	12.5				
	1	12.9	13				

3. 攻螺纹的操作方法

攻螺纹的操作方法如图 4-22 所示。攻螺纹时应注意的问题：攻螺纹前，螺纹底孔口要倒角，通孔螺纹两端都要倒角。攻螺纹前，工件的装夹位置要正确，应尽量使螺孔中心线置于水平或垂直位置。攻螺纹时应把丝锥放正，保持丝锥中心与孔中心线重合。为了避免切屑过长咬住丝锥，攻螺纹时应经常将丝锥反方向转动 1/2 圈左右，使切屑碎断后容易排出。

攻不通孔螺纹时，要经常退出丝锥，排出孔中的铁屑。攻通孔螺纹时，丝锥

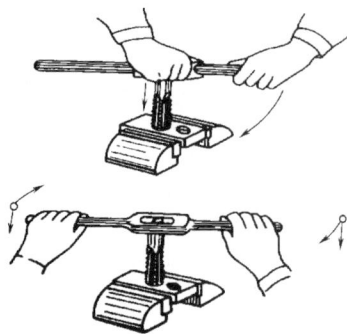

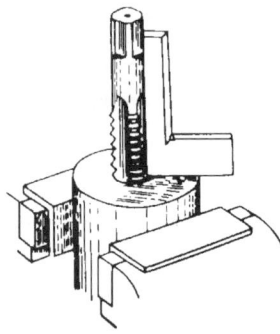

攻螺纹起攻方法　　　　　　　　　　　　　检查攻螺纹垂直度

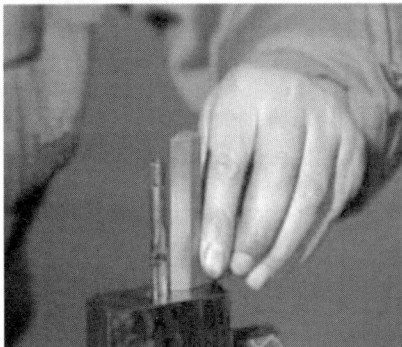

图 4-22　攻螺纹的操作方法

校准部分不应全部攻出头。丝锥退出时，应先用铰杠带动螺纹平稳地反向转动，当能用手直接旋动丝锥时，应停止使用铰杠。以防止铰杠带动丝锥退出时产生摇摆和振动，破坏螺纹的粗糙度。

　　在攻材料较硬的螺纹孔时，头锥、二锥应交替使用攻削。攻塑性材料的螺纹孔时，应加切削液，一般用机油和浓度较大的乳化液。

任务三　制作六角螺母

【学习目标】

　　① 了解六角螺母的结构。

　　② 读懂图中元素含义。

　　③ 掌握六角螺母的制作工艺及方法，并能达到一定的加工精度。

【任务描述】

　　六角螺母如图 4-23 所示。按图所标注的尺寸和要求，在规定课时完成六角螺母的制作。

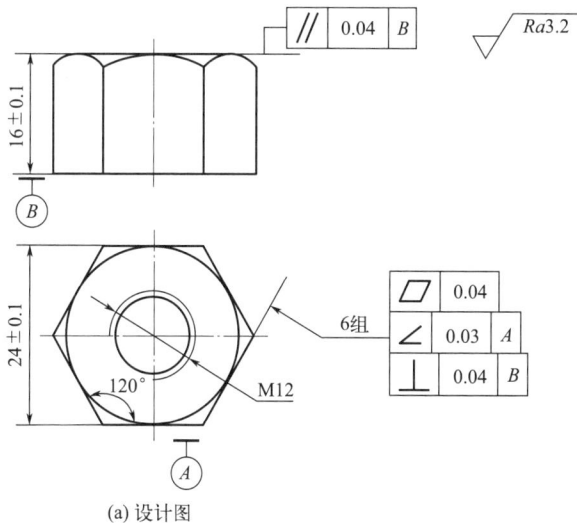

(a) 设计图　　　　　　　　　　　　　　　(b) 实物图

图 4-23　六角螺母

一、六角螺母的制作

1. 加工步骤

六角体的加工步骤如图 4-24 所示。

2. 锉削六角体

锉削六角体的平面时要保证各平面之间的位置关系，在锉削时要保证锉削姿势动作的完全正确，一些不正确的姿势动作要全部纠正，否则会导致锉削平面不

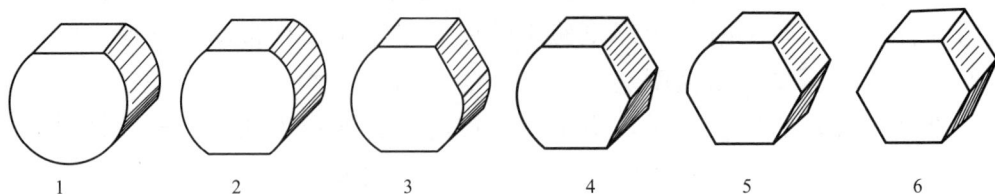

图 4-24　六角体的加工步骤

平（见表 4-2）。

表 4-2　锉削平面不平的原因

出现问题	原因
平面中凸	锉削时双手用力未能使锉刀保持平衡
平面横向中凹或中凸	锉削时锉刀左右移动不均匀
对角扭角或塌角	①锉削时两手施加的压力使重心偏在锉刀的一侧 ②工件装夹不正确

加工过程中要时刻注意检查，不能为了达到平面精度而影响了角度精度和尺寸精度，或为了减小表面粗糙度而忽略了其他，总之，在加工时要达到全部精度要求。

加工六角体时常会出现的形体误差及产生的原因见表 4-3，在练习时加以注意。

表 4-3　六角体的形体误差和产生原因

形体误差	产生原因
同一面两端宽窄不等	①与基准面垂直度误差过大 ②两相对面间的尺寸差值过大（平行度误差大）
六角体扭曲	各加工面有扭曲误差存在
120°角度不等	角度测量的累积误差较大
六角边长不等	①120°角不等 ②三组相对面间的尺寸差值过大

二、操作步骤与过程监测

操作步骤与过程监测记录见表 4-4。

表 4-4　操作步骤与过程监测记录

序号	加工步骤	教师监测记录	备注
1	锉削加工棒料的一个端面，达到平面度和垂直度要求		
2	下料		
3	锉削加工棒料的另一个端面。保证尺寸(16 ± 0.1)mm 和平面度 0.04mm、垂直度 0.04mm、表面粗糙度 $Ra3.2\mu m$ 要求		

续表

序号	加工步骤	教师监测记录	备注
4	在上下两面划线，并打上样冲眼		
5	粗、精锉削加工基准面A（第1面）。达到图样相关要求，同时要保证圆柱母线至锉削面的尺寸为27mm		
6	粗、精锉削加工第2面。达到图样相关要求，同时要保证两平行面1和2两面的尺寸为(24±0.1)mm		
7	粗、精锉削加工第3面。达到图样相关要求，同时要保证圆柱母线至锉削面的尺寸为27mm，以及2和3两面的夹角为120°		
8	粗、精锉削加工第4面。达到图样相关要求，同时要保证两平行面3和4的尺寸为(24±0.1)mm，还要保证1、4两面的夹角为120°		
9	粗、精锉削加工第5面。达到图样相关要求，同时要保证圆柱母线至锉削面的尺寸为27mm，还要保证4和5两面、2和5两面的夹角均为120°，以及控制2、4、5三面的边长为14mm		
10	粗、精锉削加工第6面。达到图样相关要求，同时要保证两平行面5和6的尺寸为(24±0.1)mm，还要保证1和6两面、6和3两面的夹角均为120°，以及控制1、3、6三面的边长为14mm		
11	钻孔		
12	攻螺纹		
13	修饰螺纹上表面		
14	复检、倒棱		
15	上交评分		

三、评分

评分标准见表4-5。

表4-5　评分标准

序号	评分项目及要求	学生自测		教师检测		单次配分
1	尺寸要求(16±0.1)mm（超差不得分）					4
2	尺寸要求(24±0.1)mm（3处）（超差不得分）					4
3	120°要求（6处）（超差不得分）					3
4	平面度要求0.04mm（6处）（超差不得分）					4
5	垂直度要求0.04mm（6处）（超差不得分）					4

序号	评分项目及要求	学生自测		教师检测		单次配分
6	平行度要求0.04mm(超差不得分)					5
7	攻螺纹 M12(乱扣、滑牙不得分)					6
8	螺纹上表面修饰					8
9	表面粗糙度 $Ra3.2\mu m$(8处)					0.5
10	安全文明生产(每违反一次扣5分)					—5
11	时间定额24学时(每超额1学时扣5分)	开始时间				—5
		结束时间				
		实际工时				
12	总分					

四、问题思考

完成此工件后，请思考并回答下面的问题。

1. 你了解制作六角体的加工步骤吗？你能想出其他可行的加工方法吗？

_____

_____

_____

_____

2. 请你简要说出六角螺母的划线方法。

_____

_____

_____

_____

3. 如何才能提高平面锉削加工的质量？

_____

_____

_____

_____

4. 常用的划线工具有哪些？各有什么用途？

_____

_____

_____

_____

_____

_____

五、总结评价

制作六角螺母实训报告与总结评价表见表 4-6。

表 4-6　制作六角螺母实训报告与总结评价表

姓名		学号		班级	
实训时间		至		共	学时
请简要写出制作六角螺母的加工步骤					
在本项目中，你学到了什么技能？有何感想和体会？你在哪些方面还要加强？					

续表

自我评价	优		良		中		差		签名	
组长评价	优		良		中		差		签名	

教师评价	尊师守纪		优		良		中		差	
	劳动态度		优		良		中		差	
	团结互助精神		优		良		中		差	
	安全文明实训		优		良		中		差	
	遵守加工工艺规程		优		良		中		差	
	解决问题能力		优		良		中		差	
	技能掌握情况		优		良		中		差	
	评语 综合评定:优（ ） 良（ ） 中（ ） 差（ ） 指导教师： 　　　　　　　　　　　　　　　　　　　　年　　月　　日									

项目五 制作孔板

【项目描述】

通过制作四方体孔板，了解钻孔、扩孔、铰孔和锪孔的加工工艺过程，学习钻孔、扩孔、铰孔和锪孔切削设备及工具的使用，掌握钻孔、扩孔、铰孔和锪的基本操作方法。

【学习目标】

① 熟练掌握划线工具的使用及操作方法。

② 掌握钻孔、扩孔、铰孔和锪孔的操作方法。

③ 掌握四方体孔板的加工工艺。

④ 做到安全文明生产。

任务一 扩孔、锪孔、铰孔

【学习目标】

① 了解扩孔、锪孔、铰孔加工设备及工具的种类。

② 掌握扩孔、锪孔、铰孔工具的使用及加工方法。

【任务描述】

了解扩孔钻、锪钻、铰刀等结构，掌握其选用方法，掌握非标准铰刀的设计方法，了解孔加工刀具设计的主要步骤。

1. 扩孔钻削

扩孔是用扩孔钻对工件上已有孔进行扩大的加工，常作为孔的半精加工及铰孔前的预加工，如图 5-1 所示。

扩孔时切削深度 $a_p=(D-d)/2$，精度等级可以达到 IT10～IT9，$Ra=3.2\mu m$。

扩孔钻如图 5-2 所示，在钻孔后使用扩孔钻，用于扩大孔径，修正钻孔中心线位置和降低表面粗糙度值，提高孔质量。

扩孔钻具备的特点：齿数较多（一般 3～4 个齿），导向性好，切削平稳；切削刃不必由外缘一直

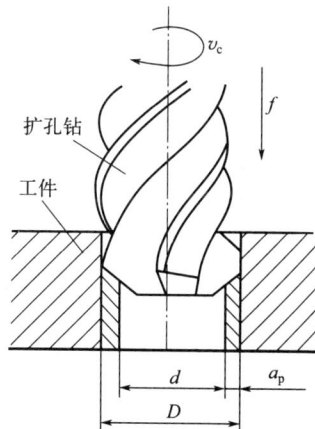

图 5-1 扩孔钻削

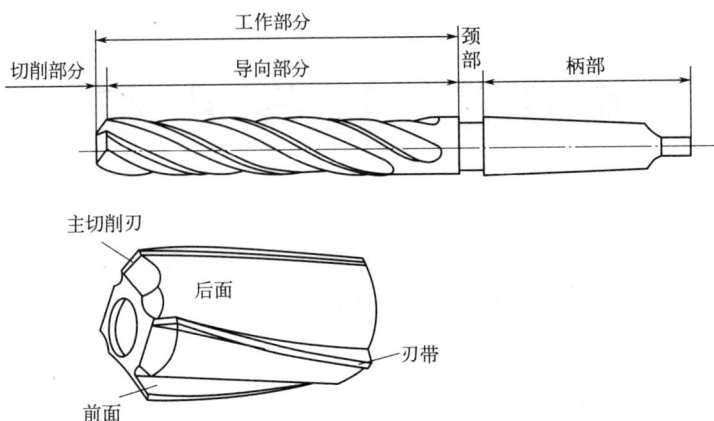

图 5-2 扩孔钻

到中心，没有横刃，可避免横刃对切削的不良影响；钻心粗，刚性好，可选择较大的切削用量（进给量一般为钻孔的 1.5～2 倍，切削速度约为钻孔的 1/2），加工质量和生产率均比麻花钻高。

扩孔加工注意事项如下：

① 成批加工用专用扩孔钻，小批量加工用钻头磨制成扩孔钻；

② 用钻头扩孔应先钻底孔 $(0.5～0.7)D$；用扩孔钻钻底孔 $0.9D$（D 为孔径）；

③ 钻孔后，不改变钻头与工件位置，直接更换扩孔钻，保证同心度。

2. 锪孔

用锪孔钻在孔口表面锪出一定形状的孔或表面的加工方法称为锪孔，如图 5-3 所示。锪孔可以加工各种埋头螺钉沉孔、锥孔和凸台面等。

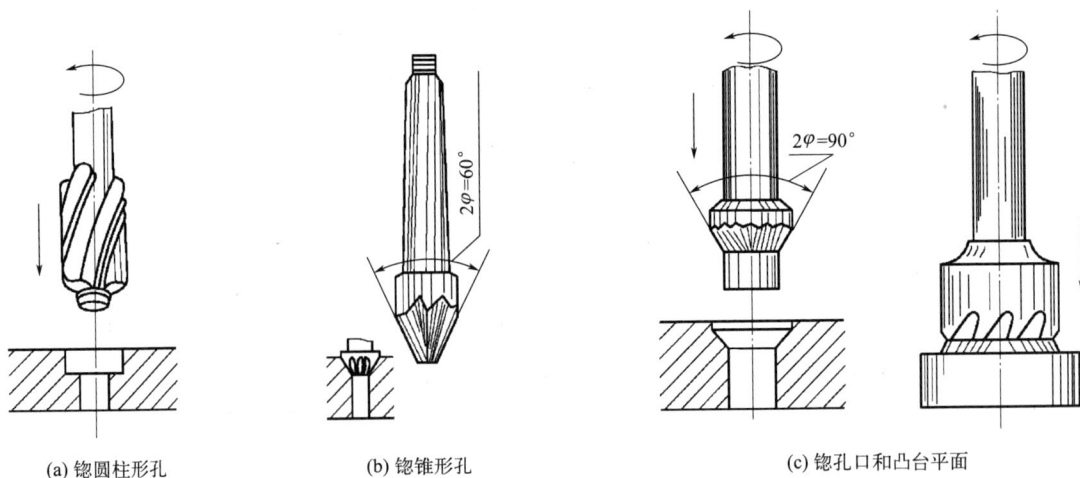

(a) 锪圆柱形孔　　(b) 锪锥形孔　　(c) 锪孔口和凸台平面

图 5-3 锪孔的应用

锪钻的种类及用途：柱形锪钻，锪圆柱形埋头孔；锥形锪钻，锪锥形埋头孔（60°、75°、90°、120°）；端面锪钻，锪平孔口端面。

锪孔加工注意事项如下：

① 锪孔时，进给量为钻孔的 2～3 倍，切削速度为钻孔的 1/3～1/2（精锪，可用惯性锪孔）；

② 尽量选用较短的钻头来改磨锪钻，并注意修磨前面，减小前角，以防扎刀、振动；

③ 锪钢件时，应在导柱和切削表面加切削液。

3. 铰孔

铰孔是精加工孔的方法之一，在实际生产中应用很广，特别是对于较小的孔径，相对于内圆磨削及精镗而言，铰孔是一种较为经济实用的加工方法，可以通过铰刀从工件孔壁上切除微量多余材料，提高其形状位置精度和表面粗糙度。铰孔是用铰刀对已有孔进行精加工的过程，如图 5-4 所示。

铰刀的种类如图 5-5 所示，按大类分为：手用铰刀，非调式和可调式；机用铰刀，高度机用铰刀和硬质合金机用铰刀。按精度分三级：铰削 H7、H8、H9 级孔的铰刀。

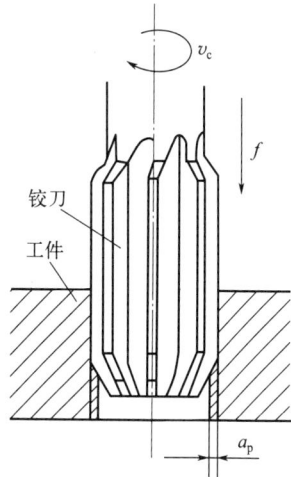

图 5-4 铰孔

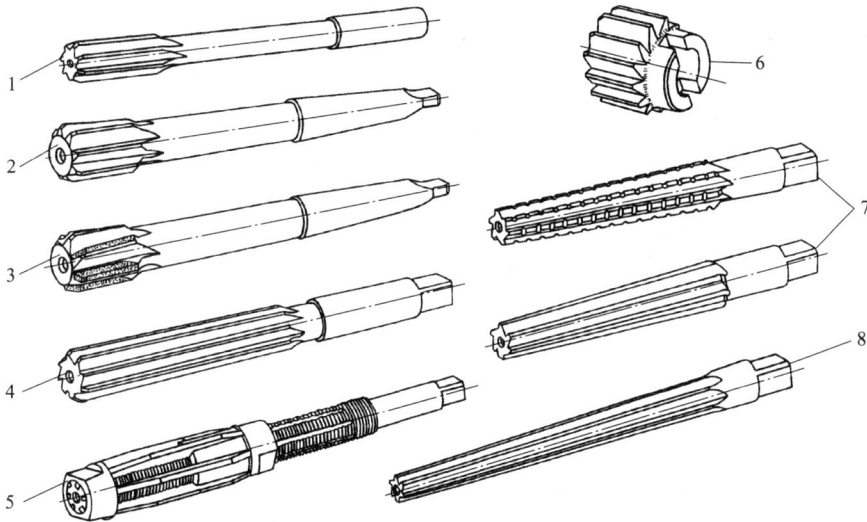

图 5-5 铰刀的种类

1—直柄机用铰刀；2—锥柄机用铰刀；3—硬质合金锥柄机用铰刀；4—手用铰刀；5—可调节手用铰刀；

6—套式机用铰刀；7—直柄莫氏锥度铰刀；8—手用 1∶50 锥度销铰刀

铰刀各部分结构如图 5-6 所示，它由工作部分、颈部和柄部 3 个部分组成。

工作部分由切削部分和校准部分组成。切削部分起切削作用；校准部分有导向、修光孔壁的作用，外形为倒锥。铰刀齿为 4～8 齿，一般偶数制造。颈部为磨制铰刀时供退刀用，也用来刻印商标和规格。柄部用来装夹和传递转矩，分为直柄、锥柄和直柄带方榫三种。前两种用于机用铰刀，后一种用于手用铰刀。

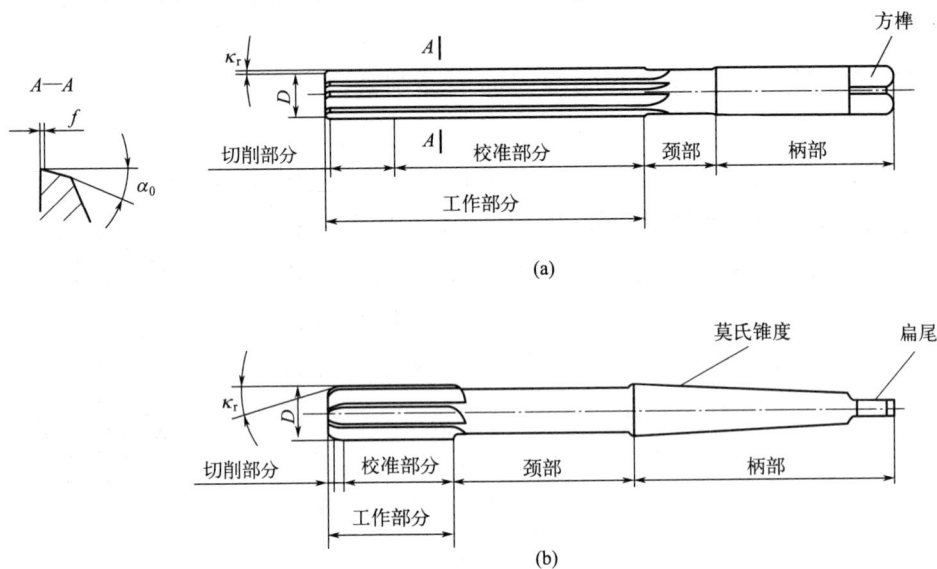

图 5-6 铰刀结构

① 铰削余量。是指上道工序（钻孔或扩孔）完成后，在直径方向所留下的加工余量。余量太小，上道工序残留的变形和加工的刀痕难以纠正和除去，铰孔的质量达不到要求。同时铰刀处于啃刮状态，磨损严重，降低了铰刀的使用寿命。余量太大，则增加了每一刀齿的切削负荷，增加了切削热，使铰刀直径扩大，孔径也随之扩大。正确选择铰削余量见表 5-1，应按孔径的大小，同时考虑铰孔的精度、表面粗糙度、材料的软硬和铰刀类型等多种因素。

表 5-1 铰削余量   mm

铰孔直径	<5	5～20	21～32	33～50	51～70
铰孔余量	0.1～0.2	0.2～0.3	0.3	0.5	0.8

② 机铰的切削速度和进给量。切削速度，钢件为 4～8m/min；进给量，钢件为 0.4～0.8mm/r。

铰刀直径及其公差如图 5-7 所示。

$$\text{扩张}\begin{cases} d_{\max} = d_{w\max} - P_{a\max} \\ d_{\min} = d_{w\max} - P_{a\max} - G \end{cases}$$

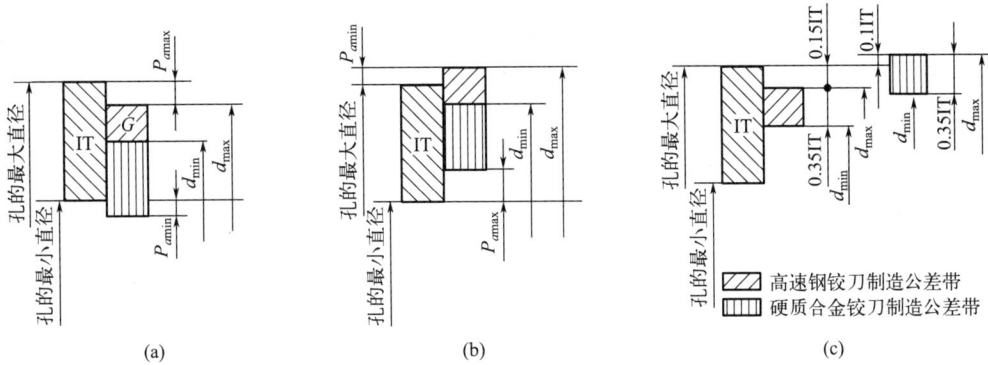

图 5-7　铰刀直径及其公差

$$收缩\begin{cases} d_{\max}=d_{w\max}+P_{a\min} \\ d_{\min}=d_{w\max}+P_{a\min}-G \end{cases}$$

选择铰刀有以下两种经验确定法。

① 高速钢铰刀：把工件上将被铰孔的直径公差分成三等份，剩余 1/3 作为铰刀制造公差，即工件被铰孔公差的 1/3～2/3 为铰刀的制造偏差。

② 硬质合金铰刀：铰孔的直径公差值分成四等份，取孔公差 1/4 作为铰刀直径的制造上偏差，孔公差的 1/2 作为铰刀直径制造下的偏差。

铰孔时，切削液的使用方法正确与否，与工件的加工质量和生产效率有着密切的关系。铰孔切削液的选取见表 5-2。

表 5-2　铰孔切削液的选取

加工材料	切削液
钢	①10%～20%乳化液 ②30%工业植物油加 70%的浓度为 3%～5%的乳化液 ③工业植物油
铸铁	①不用 ②煤油（但会引起孔径缩小） ③3%～5%乳化液
铝	①煤油 ②5%～8%乳化液
铜	5%～8%乳化液

铰孔加工注意事项如下。

① 定位销孔需通过两个小时以上的结合零件，在钻铰孔之前，应将结合零件牢固地连接在一起，装配螺钉需紧固、对称、均匀、可靠。

② 锥销的铰孔余量较大，每个刀齿都作为切削刃投入切削，负荷重，因此，每进给两三毫米应将铰刀取出一次，以清除切屑，并按工件材料不同，涂上切削液。

③ 为了减小手用铰刀的负荷，可先用手电钻夹持已不能做精铰用的废铰刀进行粗铰，然后再用好的铰刀进行手工精铰。

④ 用手电钻进行粗铰时，应先将铰刀放进孔内后再启动，防止因振动过大而碰伤铰刀刀齿。手电钻的钻速较高，所以进给量要小，否则易将铰刀折断。

⑤ 锥销孔与锥销的配合要严密，在铰削最后阶段，要注意用锥销适配，以防将孔铰得过深。

任务二　加工孔板

【学习目标】

① 了解钻孔、扩孔、锪孔、铰孔等刀具的使用及加工方法。
② 掌握钻孔、扩孔、锪孔、铰孔的加工方法。
③ 掌握制作孔板的工艺及方法，并能达到一定的加工精度。

【任务描述】

四方体孔板加工如图 5-8 所示，按图所标注的尺寸和要求，在规定课时完成制作。

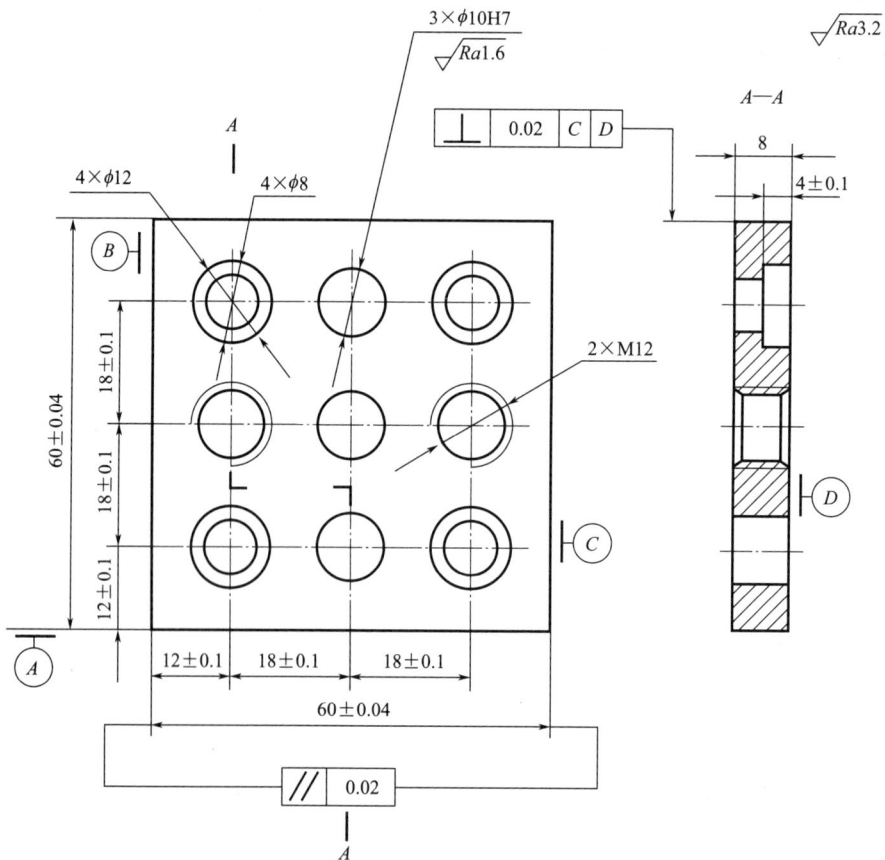

(a) 设计图

(b) 实物图

图 5-8　四方体孔板加工

一、孔板加工步骤

1. 划线钻孔的方法

（1）钻孔时的工件划线

划出孔位的十字中心线，并打上中心样冲眼，按孔的大小划出孔的圆周线。

（2）工件的装夹

工件钻孔时，要根据工件的不同形状，以及钻削力的大小，采用不同的装夹方法。钻孔加工时，工件的装夹如图 5-9 所示。

（3）钻孔对中的方法

启动钻床主轴，工件在虎钳预夹紧，使钻头钻尖（轴心）对准与虎钳钳口平行的孔位中心线，此时锁紧钻床主轴和虎钳回转螺母。移动工件，使钻头钻尖（轴心）对准与虎钳钳口垂直的孔位中心线，之后夹紧工件。此时，再次检查是否对中。

（4）起钻

先在工件孔位中心处钻出一个浅坑，观察位置是否正确。不正确时要进行调整与纠正。调整并试钻后，正式开始钻削，完成预定孔径和位置。

2. 螺纹底孔直径的确定

普通螺纹底孔直径的经验计算公式

脆性材料 $\qquad D_底 = D - 1.05P$

韧性材料 $\qquad D_底 = D - P$

式中　$D_底$——底孔直径，mm；

$\qquad D$——螺纹大径，mm；

$\qquad P$——螺距，mm。

3. 攻螺纹的方法（可参考项目四中攻螺纹方法）

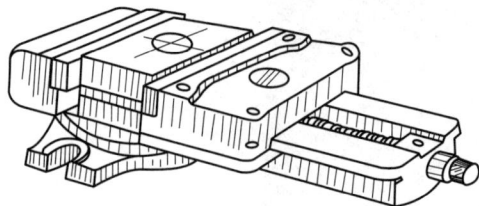

(a) 平整工件用平口钳装夹

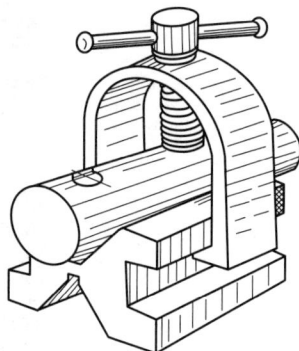

(b) 圆柱形工件用V形铁装夹

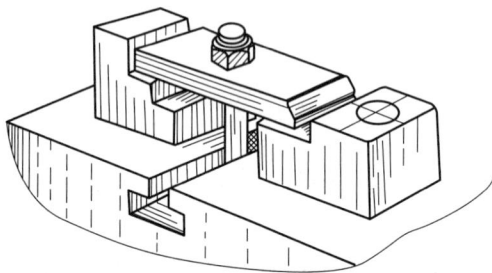

(c) 较大的工件用夹板装夹

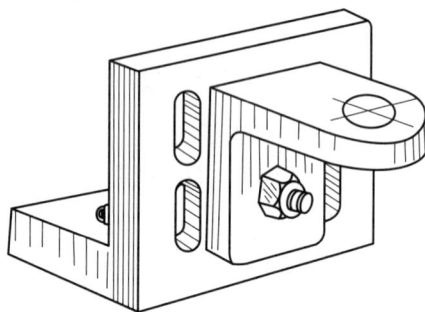

(d) 用角铁装夹

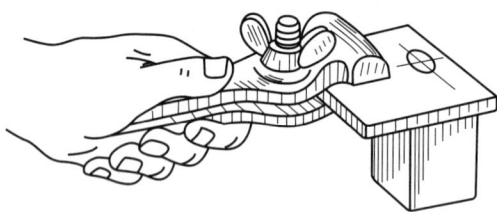

(e) 小型工件或薄板钻小孔的装夹

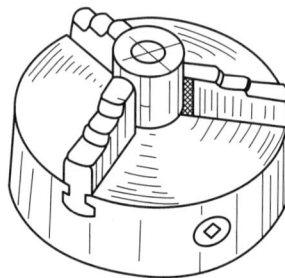

(f) 圆柱形工件端面钻孔的装夹

图 5-9　工件的装夹

① 划线，钻底孔；
② 用头锥攻螺纹；
③ 用二锥攻螺纹。

二、操作步骤与过程监测

四方体孔板加工操作步骤与过程监测记录见表 5-3。

表 5-3　四方体孔板加工操作步骤与过程监测记录

序号	加工步骤	监测记录	备注
1	加工基准 A		
2	加工基准 B		
3	划线 60mm×60mm		
4	锯削		
5	锉削加工基准面 A 的对应面,控制好尺寸(60±0.04)mm 和垂直度 0.02mm		
6	锉削加工基准面 B 的对应面,控制好尺寸(60±0.04)mm 和垂直度 0.02mm		
7	划线(孔位线),并打好中心眼		
8	钻底孔并加工沉孔		
9	攻螺纹		
10	铰孔		
11	倒棱上交		

三、评分

四方体孔板加工评分标准见表 5-4。

表 5-4　四方体孔板加工评分标准

序号	评分项目	学生自测		教师检测		单次配分	得分
1	尺寸要求(60±0.04)mm(2 处)					5	
2	尺寸要求(12±0.1)mm(6 处)					3	
3	尺寸要求(18±0.1)mm(12 处)					2	
4	平行度要求 0.02mm					4	
5	垂直度要求 0.02mm(2 处)					4	
6	攻螺纹 M12(2 处)					4	
7	铰孔 ϕ10H7(3 处)					4	
8	沉孔(4±0.1)mm(4 处)					3	
9	表面粗糙度 Ra3.2μm(4 处)					1	
10	实训学时:10 学时,每超额 2 学时扣 5 分	开始时间				−5	
		结束时间					
		实际工时					
11	安全文明生产,每违反一次扣 5 分					−5	
12	总分						

四、注意事项

① 尽量用比较短的钻头来改磨锪钻，且刃磨时要保证两切削刃高低一致、角度对称。

② 锪孔时先要调整好工件的螺栓通孔与锪孔的同轴度，再夹紧工件。调整时可旋转主轴，使工件能自然定位。工件夹紧要稳固，以减少振动。

③ 钻孔时常会出现的问题及其产生的原因见表5-5。

表5-5 钻孔时常会出现的问题及其产生的原因

出现问题	产生原因
孔大于规定尺寸	①钻头两切削刃长度不等,高低不一致 ②钻床主轴径向偏摆或工作台未锁紧有松动 ③钻头未装好或本身弯曲,使钻头有过大的径向跳动现象
孔壁粗糙	①钻头不锋利 ②进给量太大 ③切削液选用不当或供应不足
孔位偏移	①工件划线不正确 ②钻头横刃过长定心不准 ③对中不准,起钻过偏而没有校正
孔歪斜	①工件装夹不水平 ②工件装夹不牢,钻孔时产生歪斜 ③进给量过大使钻头产生弯曲变形
钻孔呈多角形	①钻头后角太大 ②钻头两切削刃长短不一,角度不对称
钻头工作部分折断	①钻头用钝还继续钻孔 ②钻孔时未经常排屑 ③孔即将钻穿时没有减少进给量 ④进给量太大 ⑤工件未夹紧,钻孔时产生松动
切削刃迅速磨损或碎裂	①切削速度过高 ②工件表面或内部硬度高或有砂眼 ③进给量过大,切削液供应不足

④ 攻螺纹时可能会出现的问题及其产生的原因见表5-6。

表5-6 攻螺纹时可能会出现的问题及其产生的原因

出现问题	产生原因
螺纹乱牙	①底孔直径太小,起攻困难,左右摆动,孔口乱牙 ②换用二、三锥时强行校正,或没有旋合好就攻下
螺纹滑牙	①攻不通孔的较小螺纹时,丝锥已到底还继续转 ②攻强度低或小径螺纹,丝锥已切出螺纹还继续加压 ③未加适当的切削液以及一直攻、不倒转,切屑堵塞将螺纹啃坏
螺纹歪斜	①攻螺纹时位置不正,起攻时未做垂直度检查 ②孔口倒角不良,两手用力不均匀,切入时歪斜

出现问题	产生原因
螺纹形状不完整	①螺纹底孔直径太大 ②丝锥不稳,经常摆动
丝锥折断	①底孔太小 ②攻入时丝锥歪斜或歪斜后强行校正 ③没有经常反转断屑和清屑,或不通孔攻到底了,还继续攻 ④使用铰杆不当 ⑤丝锥牙齿爆裂或磨损过多而强行攻 ⑥工件材料过硬或夹有硬点 ⑦两手用力不均或用力过猛

⑤ 锪孔时的切削速度应比钻孔低，一般为钻孔时的 $1/2 \sim 1/3$，同时，由于锪钻的轴向抗力较小，所以手进给压力不宜过大，并要均匀。

⑥ 当锪孔表面出现多角形振纹等情况，应立即停止加工，找出钻头刃磨等问题并及时修正。

⑦ 注意用钻床的深度标尺控制锪孔深度。

⑧ 要做到安全和文明操作。

五、问题思考

完成工件后请思考并回答下面的问题。

1. 你在锯削和锉削的速度和质量上还有什么问题？打算如何去解决？

_____

_____

_____

_____

2. 锪孔的作用是什么？锪孔有几种形式？

_____

_____

_____

_____

3. 请简述锪孔操作的注意事项。

_____

_____

_____

六、总结评价

加工孔板实训报告与总结评价表见表 5-7。

表 5-7　加工孔板实训报告与总结评价表

姓名		学号		班级	
实训时间		至	共	学时	
请总结本项目工件的加工步骤					
在本项目中，你学到了什么技能？有何感想和体会？你在哪些方面还要加强？					

续表

自我评价	优		良		中		差		签名	
组长评价	优		良		中		差		签名	
教师评价	尊师守纪			优		良		中		差	
	劳动态度			优		良		中		差	
	团结互助精神			优		良		中		差	
	安全文明实训			优		良		中		差	
	遵守加工工艺规程			优		良		中		差	
	解决问题能力			优		良		中		差	
	技能掌握情况			优		良		中		差	

评语

综合评定:优(　) 良(　) 中(　) 差(　)

指导教师:

年　月　日

项目六　钻头刃磨

【项目描述】

通过本项目，掌握标准麻花钻的刃磨（刃磨两个主后刀面）要求与方法，学会修磨麻花钻的横刃。

【学习目标】

①　掌握麻花钻的结构及其组成。
②　掌握标准麻花钻的刃磨方法。
③　掌握麻花钻横刃的修磨方法。

任务　刃磨麻花钻

【学习目标】

①　了解标准麻花钻的结构及其组成。
②　掌握标准麻花钻的刃磨方法。
③　掌握麻花钻横刃的修磨技巧。

【任务描述】

了解麻花钻的结构特点，掌握麻花钻刃磨的操作技能。

一、麻花钻的刃磨

1. 麻花钻的切削部分

麻花钻由柄部、颈部及工作部分组成。一般直径小于 13mm 的钻头柄部做成柱柄，直径大于 13mm 的钻头柄部做成锥柄。麻花钻的切削部分如图 6-1

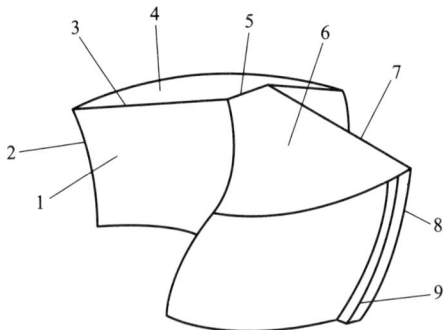

图 6-1　麻花钻的切削部分

1—前刀面；2,8—副切削刃；3,7—主切削刃；4,6—后刀面；5—横刃；9—副后刀面所示。

2. 麻花钻的刃磨要求

标准麻花钻的刃磨角度如图 6-2 所示。

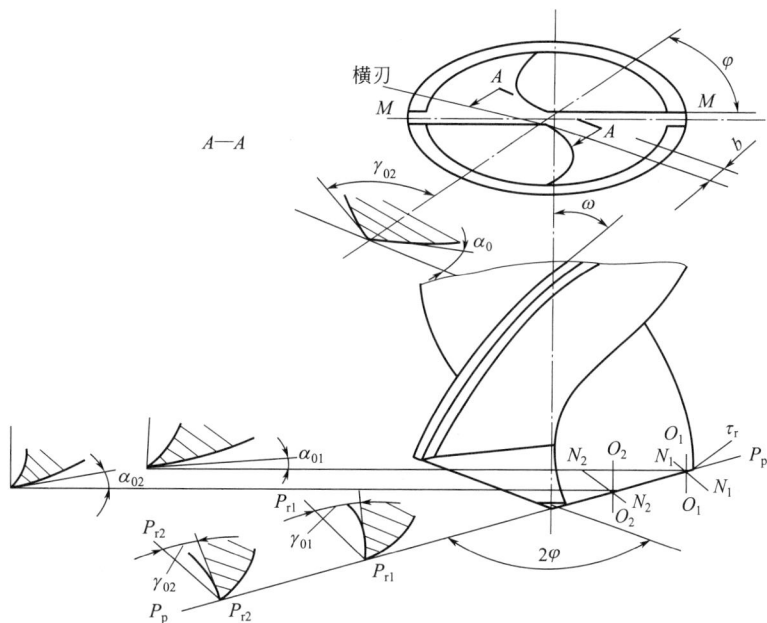

图 6-2　麻花钻的刃磨角度

① 顶角 2φ 为 $118°\pm2°$；

② 外缘处的后角 α_0 为 $10°\sim14°$；

③ 横刃斜角为 $50°\sim55°$；

④ 两个主后刀面要刃磨光滑；

⑤ 两个 φ 角要相等，即两个 φ 角要磨成对称，否则会对孔加工造成影响，如图 6-3 所示。

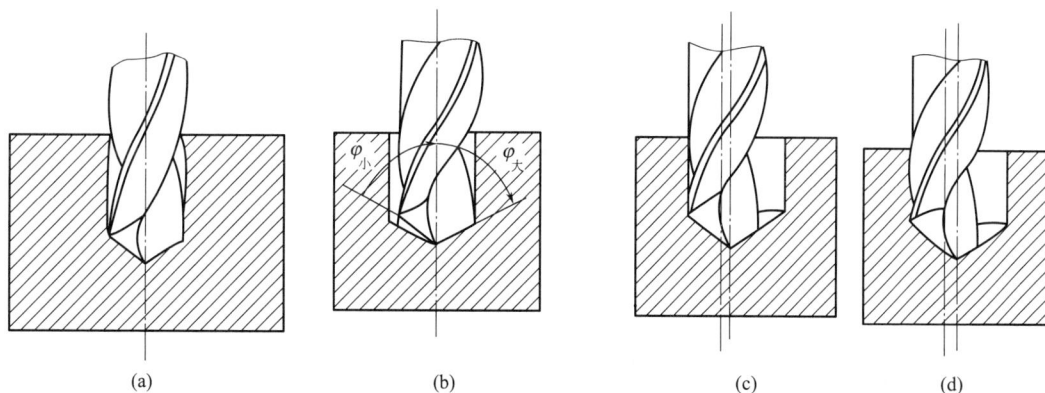

(a)　　　　　　　(b)　　　　　　　(c)　　　　　　　(d)

图 6-3　刃磨钻头对孔加工的影响

图 6-3(a) 所示为正确刃磨，图 6-3(b) 为两个 φ 角磨得不对称，图 6-3(c) 为主切削刃长度不一致，图 6-3(d) 为两个 φ 角磨得不对称，主切削刃长度也不一致。

3. 麻花钻的刃磨方法

标准麻花钻的刃磨方法如图 6-4 所示。

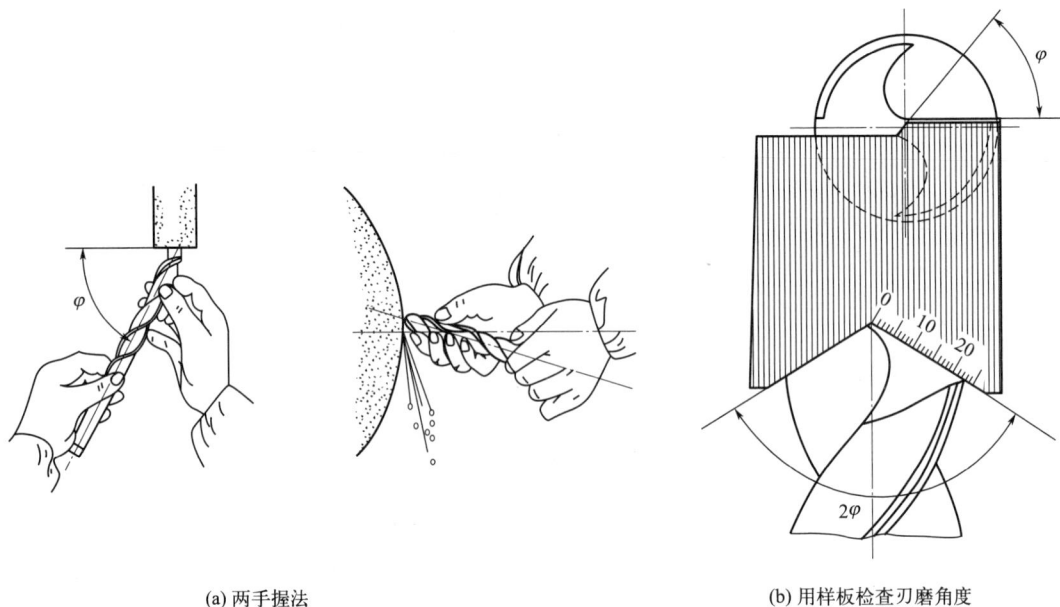

(a) 两手握法

(b) 用样板检查刃磨角度

图 6-4　麻花钻的刃磨方法

在刃磨过程中钻头要经常蘸水冷却，防止因过热退火而降低硬度。砂轮的选择一般采用中软级的氧化铝砂轮。

4. 钻头横刃的修磨

① 修磨原因：标准麻花钻横刃较长，轴向抗力大，定心作用不好，容易发生抖动。

② 修磨要求：横刃磨短成 $b=0.5\sim1.5\text{mm}$，修磨后形成内刃，使内刃斜角为 $20°\sim30°$，内刃处前角为 $-15°\sim0°$（如图 6-5 所示）。

二、注意事项

① 钻头刃磨技能是学习中的重点和难点之一，必须不断练习，做到刃磨的姿势动作，以及刃磨出的钻头几何形状和角度都正确。

② 刃磨钻头时一定要注意操作安全。

③ 在实训过程中，钻头用钝后要及时修磨锋利。

三、评分

评分标准见表 6-1 和表 6-2。

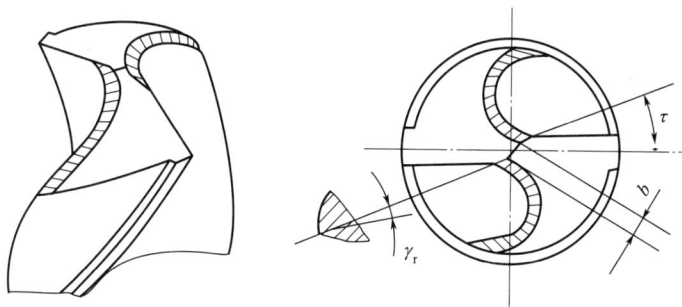

(a) 麻花钻横刃修磨的几何参数

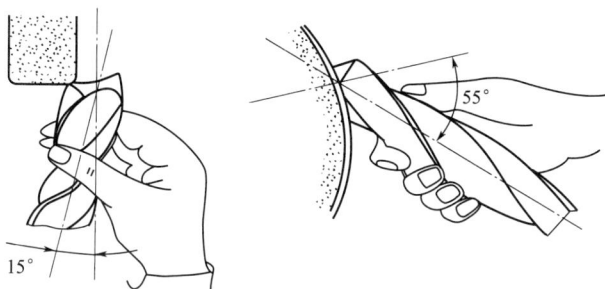

(b) 麻花钻横刃修磨方法

图 6-5　钻头横刃的修磨

表 6-1　刃磨两个主后刀面评分标准

序号	评分项目及要求	学生自测	教师检测	单次配分	得分
1	顶角 118°±2°			10	
2	外缘处后角 10°~14°			10	
3	横刃斜角 50°~55°			10	
4	主切削刃长度相等			15	
5	两个主后刀面刃磨光滑			10	
6	麻花钻刃磨操作方法			30	
7	试钻孔			15	
8	安全文明生产,每违反一次扣 5 分			−5	
9	实训学时:6(每超额 2 学时扣 5 分)	开始时间		−5	
		结束时间			
		实际工时			
10	总分				

表 6-2 标准麻花钻横刃修磨评分标准

序号	评分项目及要求	学生自测	教师检测	单次配分	得分
1	磨短横刃 $b=0.5\sim1.5\text{mm}$			20	
2	内刃斜角为 $20°\sim30°$			15	
3	内刃处前角为 $-15°\sim0°$			15	
4	修磨横刃操作方法			30	
5	试钻孔			20	
6	安全文明生产,每违反一次扣5分			-5	
7	实训学时:6(每超额2学时扣5分)	开始时间		-5	
		结束时间			
		实际工时			
8	总分				

四、问题思考

完成本任务后,请思考并回答下面问题。

1. 为什么要对标准麻花钻进行刃磨?

2. 为什么要将标准麻花钻的横刃磨短?

3. 到工厂实地参观或请教工人师傅,简述刃磨钻头在实际工作中的应用。

五、总结评价

麻花钻刃磨实训报告与总结评价表见表 6-3。

表 6-3　麻花钻刃磨实训报告与总结评价表

姓名		学号		班级	
实训时间		至	共	学时	
请简要写出麻花钻刃磨过程中要注意哪些问题					
在本项目中,你学到了什么技能？有何感想和体会？你在哪些方面还要加强？					

续表

自我评价	优		良		中		差		签名	
组长评价	优		良		中		差		签名	

教师评价	尊师守纪		优		良		中		差	
	劳动态度		优		良		中		差	
	团结互助精神		优		良		中		差	
	安全文明实训		优		良		中		差	
	遵守加工工艺规程		优		良		中		差	
	解决问题能力		优		良		中		差	
	技能掌握情况		优		良		中		差	
	评语 综合评定:优(　)　良(　)　中(　)　差(　) 指导教师:　　　　　　　　　　　　　　　　　年　月　日									

项目七　钳工综合实训练习

【项目描述】

根据前面学习掌握的钳工操作技能，选定综合性项目训练，达到强化钳工操作技能的目的，为钳工技能鉴定考试做好准备。

【学习目标】

熟练掌握钳工各种设备、工具的操作，掌握不同类型工件的加工工艺及制作方法，技能操作水平达到中级工考核水平。

任务一　制作手锤

【学习目标】

① 提高锉削和锯削技能，能保证一定的加工精度。

② 掌握正确选用锉刀和锉削方法。

③ 掌握划线工具的正确使用和划线的操作方法。

④ 掌握锉腰孔及内外圆弧面的方法，达到连接圆滑、位置及尺寸正确的要求。

⑤ 通过复合作业，要求掌握已学任务的基本技能，并达到能进行一般的手工工具制作，同时熟练掌握工件各形面的加工步骤、工具使用、测量方法。

【任务描述】

手锤加工如图 7-1 所示，按图所标注的尺寸和要求，在规定课时完成制作。

一、手锤制作加工

1. 合理选用锉削方法

对于平面的锉削加工，要按照以下要求合理选用锉削方法。

① 顺向锉及其使用场合：用于精加工。

② 交叉锉及其使用场合：用于粗加工。

③ 推锉及其使用场合：用于狭长平面的精加工。

2. 手锤的划线步骤

① 分析图样，确定划线基准。以基准 A、基准 C、基准 D 三个互相垂直的面作为三个方向的划线基准。

② 检查清理工件并涂色。对基准的交线倒棱，然后在三个基准面上涂色。

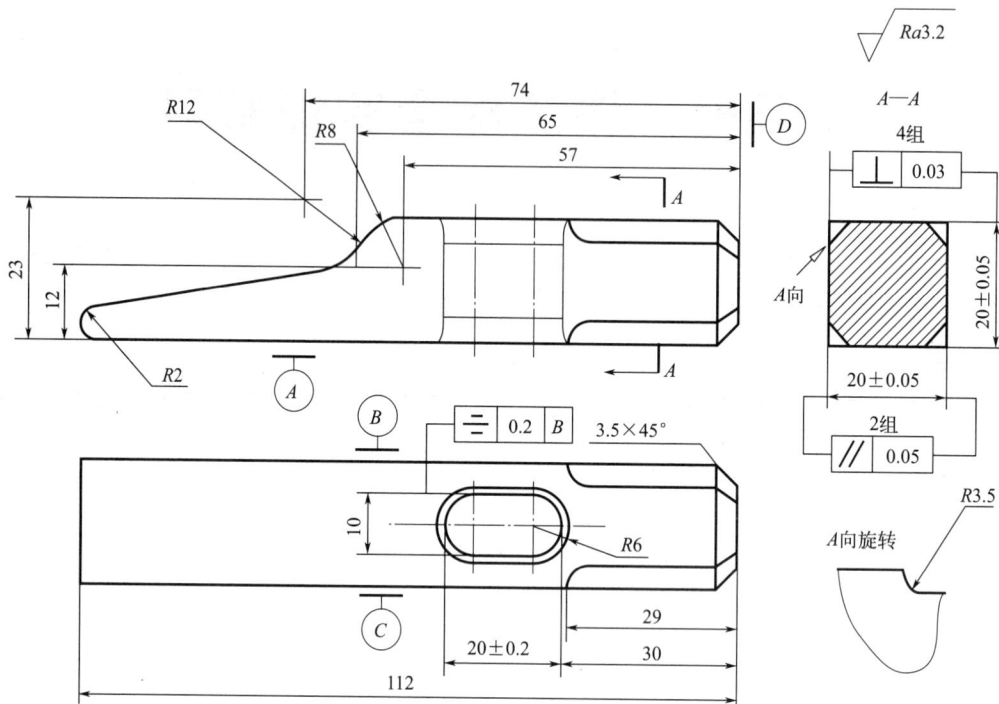

(a) 设计图

(b) 实物图

图 7-1 手锤加工

③ 以 A 面作为基准，在 B、C 两面上划出尺寸 $R2$、$R8$、$R12$ 圆弧圆心高度和尺寸 20 的高度线，同时划出 $R3.5$ 倒角线。

④ 以 D 面为基准划出尺寸 57、65、74、112 和圆弧 $R2$ 的定位线，同时划出右端倒角高度尺寸 29 和 $R3.5$ 的圆心高度。

⑤ 在 B、C 两面上划出圆弧线 $R2$、$R8$、$R12$ 和 $R3.5$。

⑥ 划出手锤尖部的斜线。

⑦ 划出腰形孔的加工界线。

二、注意事项

① 划线一定要准确，否则容易造成废品。

② 要正确选用锉削方法，提高锉削面的光洁度。

③ 合理分配粗、精加工的余量，提高加工速度。

④ 用 ϕ9.7mm 钻头钻孔时，要求钻孔位置正确，以免造成加工余量不足，影响腰孔的正确加工。

⑤ 锉削腰孔时，应先锉两侧平面，后锉两端圆弧面。在锉平面时，要注意控制好锉刀的横向移动，防止锉坏两端孔面。

⑥ 在加工 $R8$ 和 $R12$ 圆弧面时，横向必须平直，并与侧平面垂直，才能使圆弧面连接正确、外形美观。

三、操作步骤与过程监测

操作步骤与过程监测记录见表 7-1。

表 7-1　操作步骤与过程监测记录

工序	操作步骤	教师监测记录	备注
1	按要求下料		
2	加工基准面 D		
3	加工基准面 A（先锯后锉）		
4	加工基准面 B（先锯后锉）		
5	加工基准面 C（先锯后锉） 控制尺寸 (20 ± 0.05)mm（4 分），保证平行度 0.05mm		
6	划出 B、C 两面的加工线		
7	按划线锯削余料		
8	粗加工至划线处，留 0.3mm 加工余量		
9	加工尺寸 (20 ± 0.05)mm（4 分），保证平行度 0.05mm		
10	加工 4 个 3.5mm×45°倒角		
11	八角端部棱边倒角 3.5mm×45°		
12	加工 $R3.5$ 圆弧		
13	划出腰孔加工线，并用 ϕ9.7mm 钻头钻孔		
14	加工腰孔至图样要求，(20 ± 0.2)mm（10 分），对称度 0.2mm		
15	加工 $R8$ 和 $R12$ 圆弧，连接光滑		
16	加工斜面，平直度 0.03mm（10 分）		
17	加工 $R2$ 圆头（12 分），并保证总长 112mm		
18	倒棱		
19	复检		
20	上交评分		

四、评分

评分标准见表 7-2。

表 7-2　评分标准

序号	评分项目及要求	学生评测		教师评测		单次配分	得分
1	尺寸要求(20±0.05)mm,超差不得分(2 处)					4	
2	平行度 0.05mm,超差不得分(2 处)					3	
3	垂直度 0.03mm,超差不得分(4 处)					3	
4	3.5mm×45°倒角(4 处)					3	
5	$R3.5$ 圆弧(4 处)					3	
6	$R8$ 和 $R12$ 圆弧,连接光滑					12	
7	斜面平直度 0.03mm,超差不得分					10	
8	腰孔长度要求,(20±0.2)mm,超差不得分					10	
9	腰孔对称度 0.2mm					8	
10	$R2$ 圆头					8	
11	倒角均匀、各棱线清晰					1	
12	表面粗糙度 $Ra3.2\mu m$,纹理齐整(12 处)					0.5	
13	安全文明生产,每违反一次扣 5 分					−5	
14	时间定额 30 学时,每超额 2 学时扣 5 分	开始时间				−5	
		结束时间					
		实际工时					
15	总分						

五、问题思考

完成本任务后,请思考并回答下面问题。

1. 常用的划线工具有哪些？各有什么用途？

_____

_____

_____

_____

_____

2. 简述在加工过程中如何正确选择锉刀。

_____

_____

_____

3. 在制作手锤的过程，哪些技能显得尤为重要？

4. 在手锤的加工过程中，你发挥了正常水平吗？为什么？

六、总结评价

制作手锤实训报告与总结评价表见表 7-3。

表 7-3　制作手锤实训报告与总结评价表

姓名		学号		班级	
实训时间			至	共	学时
请简要写出制作手锤的加工步骤					

续表

在本项目中,你学到了什么技能? 有何感想和体会? 你在哪些方面还要加强?								

自我评价	优		良		中		差		签名	
组长评价	优		良		中		差		签名	

教师评价	尊师守纪	优		良		中		差	
	劳动态度	优		良		中		差	
	团结互助精神	优		良		中		差	
	安全文明实训	优		良		中		差	
	遵守加工工艺规程	优		良		中		差	
	解决问题能力	优		良		中		差	
	技能掌握情况	优		良		中		差	
	评语 综合评定:优( ) 良( ) 中( ) 差( ) 指导教师: 年 月 日								

任务二　四方锉配

【学习目标】

① 提高锉削和锯削的加工精度。

② 掌握划线的操作方法,提高划线的精度。

③ 提高钻孔的定位精度。

④ 熟练掌握攻螺纹、铰孔的操作方法。

⑤ 掌握锉配件的加工工艺和操作方法。

⑥ 掌握同钻同铰的孔加工方法。

【任务描述】

四方锉配加工如图 7-2～图 7-5 所示，按图所标注的尺寸和要求，在规定课时完成制作。

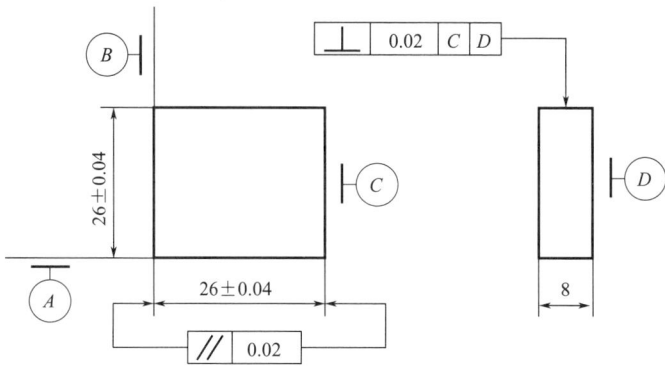

(a) 设计图　　　　　　　　　　　(b) 实物图

图 7-2　四方锉配加工图（件一）

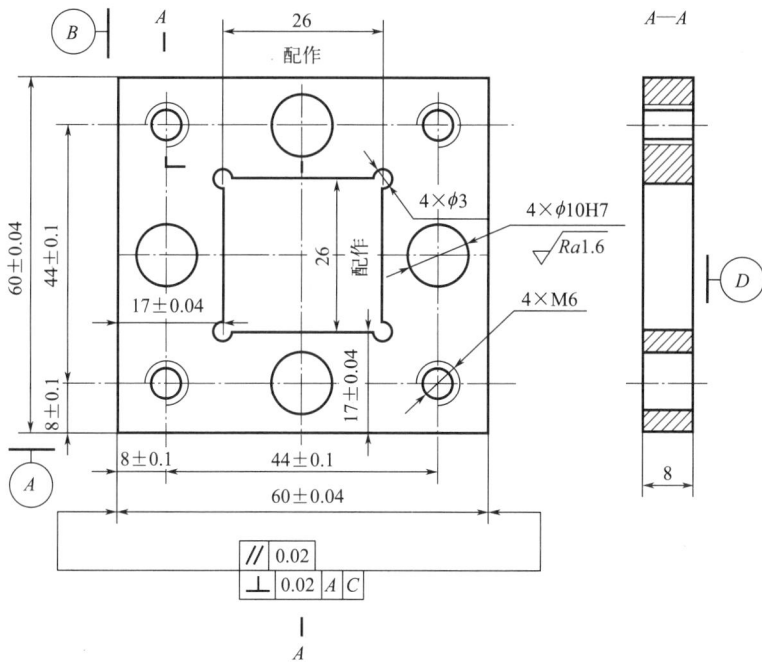
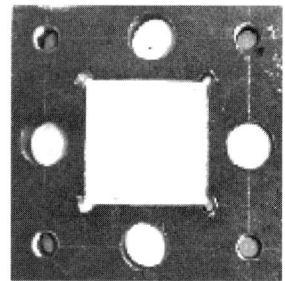

(a) 设计图　　　　　　　　　　　(b) 实物图

图 7-3　四方锉配加工图（件二）

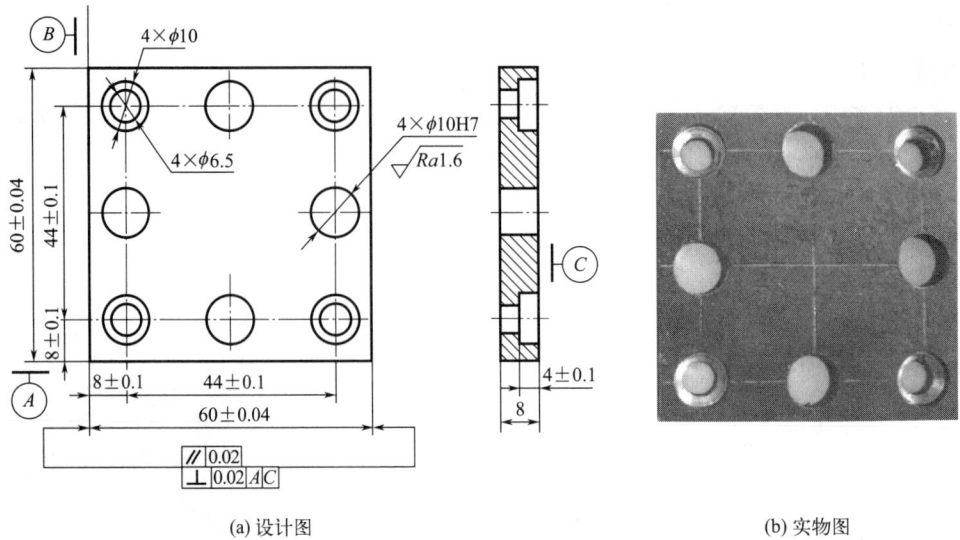

(a) 设计图　　　　　　　　　　　(b) 实物图

图 7-4　四方锉配加工图（件三）

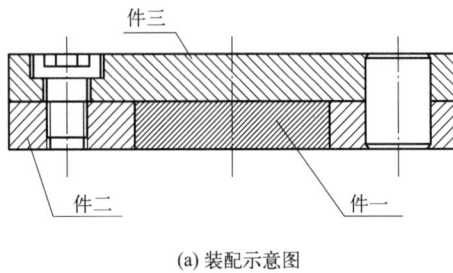

(a) 装配示意图

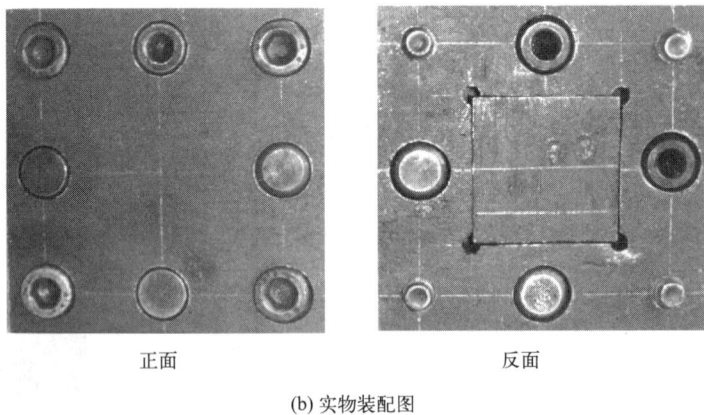

正面　　　　　　　　　　　反面

(b) 实物装配图

图 7-5　四方锉配加工图（装配）

一、四方锉配加工

1. 四方锉配的加工工艺

（1）锉配件的加工原则

先加工"凸件"，后加工"凹件"，如本任务中要先加工件一，再以件一为基准锉配件二的四方孔。

（2）余料的去除方法

件二内四方孔余料的去除方法如图 7-6 所示。

（3）零件上多孔的加工方法

零件上的螺纹孔、螺栓穿孔、销钉孔、顶杆孔、型芯固定孔等，都需要经过钻铰加工，达到孔径、孔距及表面粗糙度的要求，这些孔大部分都在划线后加工。常用的方法有以下三种。

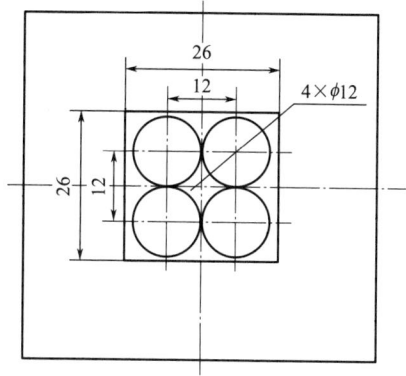

图 7-6　用钻孔的方法去除四方孔余料

① 直接钻：单个零件直接按划线位置钻孔，较难保证两零件间孔位的一致性。

② 配钻：通过已经钻铰的孔，对另一零件进行钻孔、铰孔，比较容易保证两零件间孔位的一致性。

③ 同钻铰：将有关零件夹紧成一体后，同时钻孔、铰孔，很容易保证两零件间孔位的一致性。

（4）销钉孔的同钻、同铰

模具零件间的位置精度，常用圆柱销定位来保证，销钉孔的加工质量和销钉的定位准确程度，对整副模具的装配质量有很大的影响，所以，销钉孔的加工是在把装配调整好的各零件用螺钉紧固在一起后进行的，使各定位零件所对应的销钉孔具有较高的同轴度。

本任务中的四个销钉孔就要求采用配钻铰的方法加工。先把件二和件三用螺钉装配连接在一起之后，同时钻出底孔，然后再同时铰孔。

2. 四方锉配加工技术要求

① 件二的方孔应以件一为基准进行配作加工。

② 件一与件二正反配合间隙不得大于 0.06mm。

③ 件三的 4 个沉孔不得使用配钻的方法加工。

④ 件三的 4 个 $\phi10$ 的销钉孔，要求用配钻的方法进行钻孔加工。

⑤ 除了铰孔外，工件所有加工表面的表面粗糙度值应不大于 $3.2\mu m$。

二、四方锉配加工应注意事项

① 四方锉配时，一定要先加工凸件（件一），以凸件为基准锉配凹件（件二）。

② 配锉件的划线要准确，线条要细而清晰，两端口必须一次划出。

③ 为得到转位互换的配合精度，基准件的两个尺寸误差值和形位误差值，尽可能控制在最小范围内，并且要求将尺寸作为上限，使锉配时有可能做微量的修正。

④ 锉配时的修正部位，应通过透光检查后再从整体情况考虑，合理确定修锉部位。

⑤ 在试配过程中，不能用榔头敲击。

⑥ 件二的螺钉孔和件三的螺钉穿过孔划线一定要准确，对中也要力求准确，否则两零件会装配不上。

⑦ 件二和件三加工装配连接固定后，同时钻铰销钉孔。

三、操作步骤与过程监测

操作步骤与过程监测记录见表7-4。

表 7-4　操作步骤与过程监测记录

序号	加工步骤	监测记录	备注
1	加工两个垂直的基准面		
2	划线并锯削		
3	加工尺寸26mm,并保证垂直度和平行度		
4	倒棱		
5	加工件二两个垂直的基准面		
6	划线 60mm×60mm,并锯削余料		
7	锉削加工基准面 A 的对应面,控制好尺寸(60±0.04)mm		
8	锉削加工基准面 B 的对应面,控制好尺寸(60±0.04)mm		
9	加工件三两个垂直的基准面		
10	划线 60mm×60mm,并锯削余料		
11	锉削加工基准面 A 的对应面,控制好尺寸(60±0.04)mm		
12	锉削加工基准面 B 的对应面,控制好尺寸(60±0.04)mm		
13	划出件二和件三所有的加工参考线		
14	钻出件二的四个 ϕ3mm 工艺孔		
15	钻孔去除件二的内四方余料,并粗加工至划线处		
16	精加工两处尺寸(17±0.04)mm		
17	以件一为基准配作件二的四方孔,并保证配合间隙		
18	钻出件二的所有底孔		
19	件二攻螺纹		
20	加工件三的四个沉孔		
21	用 M6 螺钉装配连接件二和件三,并配钻件三的四个销钉孔		
22	件二和件三铰孔		
23	倒棱、复检		
24	装配、调整		
25	上交评分		

四、评分

评分标准见表7-5。

表 7-5 评分标准

序号	评分项目	学生自测		教师检测		单次配分	得分
1	尺寸要求(26±0.04)mm(2处)					3	
2	尺寸要求(60±0.04)mm(4处)					2	
3	尺寸要求(17±0.04)mm(2处)					2	
4	尺寸要求(44±0.1)mm(6处)					2	
5	尺寸要求(8±0.1)mm(6处)					2	
6	尺寸要求(4±0.1)mm(4处)					2	
7	攻螺纹 M6(4处)					1	
8	铰孔 $\phi10H7$(8处)					1	
9	正反配合间隙≤0.06mm(8处)					2	
10	装配螺栓和销钉孔的个数(8处)					3	
11	表面粗糙度 $Ra3.2\mu m$,一面不合格扣0.5分					−0.5	
12	实训学时:18学时,每超额2学时扣5分	开始时间				−5	
		结束时间					
		实际工时					
13	安全文明生产,每违反一次扣5分					−5	
14	总分						

五、问题思考

完成本任务后,请思考并回答下面的问题。

1. 请查找资料或向工人师傅请教,列举同钻铰在模具加工中的应用实例。

_____

_____

_____

2. 如何保证件一和件二的配合间隙？

_____

_____

_____

_____

3. 如何才能保证件二和件三顺利装配？

_____

_____

_____

_____

六、总结评价

四方锉配实训报告与总结评价表见表 7-6。

表 7-6　四方锉配实训报告与总结评价表

姓名		学号		班级	
实训时间		至		共	学时
请简要写出四方锉配的加工步骤					

续表

在本任务中,你学到了什么技能?有何感想和体会?你在哪些方面还要加强?								

自我评价	优		良		中		差		签名	
组长评价	优		良		中		差		签名	

教师评价	尊师守纪	优		良		中		差	
	劳动态度	优		良		中		差	
	团结互助精神	优		良		中		差	
	安全文明实训	优		良		中		差	
	遵守加工工艺规程	优		良		中		差	
	解决问题能力	优		良		中		差	
	技能掌握情况	优		良		中		差	
	评语								
	综合评定:优( )　良( )　中( )　差( ) 指导教师:						年　月　日		

任务三　凸 形 锉 配

【学习目标】

① 掌握划线的操作方法,提高划线的精度。

② 提高钻孔的定位精度。

③ 熟练掌握攻螺纹、铰孔的操作方法。

④ 掌握具有对称度要求的工件的加工方法。

⑤ 掌握锉配件的加工工艺和操作方法。

⑥ 掌握配钻的加工方法。

【任务描述】

凸形锉配加工如图 7-7～图 7-10 所示，按图所标注的尺寸和要求，在规定课时完成制作。

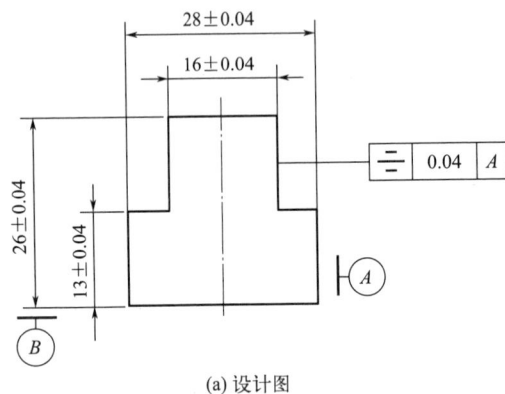

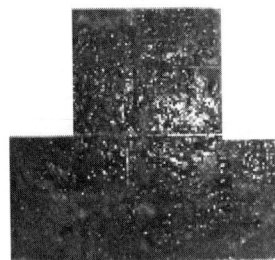

(a) 设计图　　　　　　　　　　　　(b) 实物图

图 7-7　凸形锉配加工图（件一）

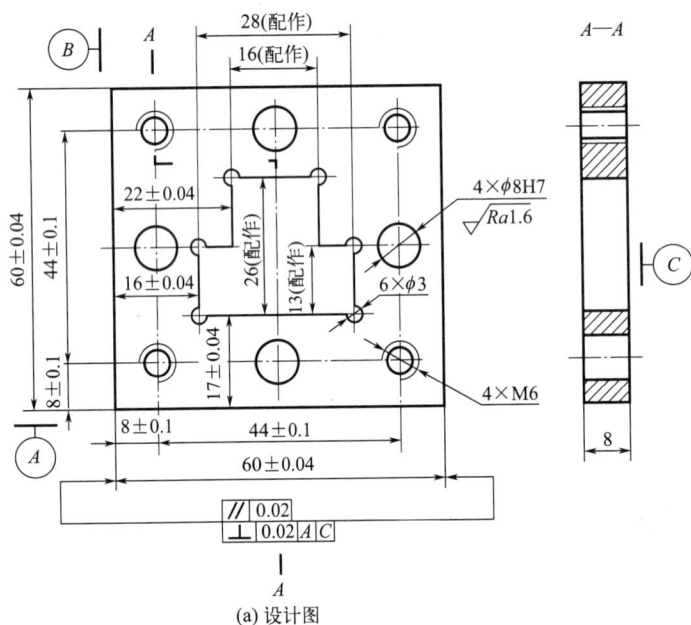

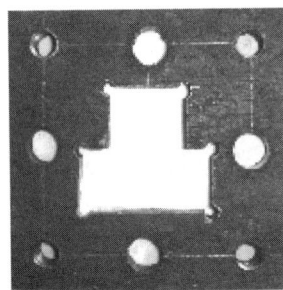

(a) 设计图　　　　　　　　　　　　(b) 实物图

图 7-8　凸形锉配加工图（件二）

一、凸形锉配加工

1. 有对称度要求工件的加工与测量

对称度误差是指被测量表面的对称平面与基准表面的对称平面间的最大偏移

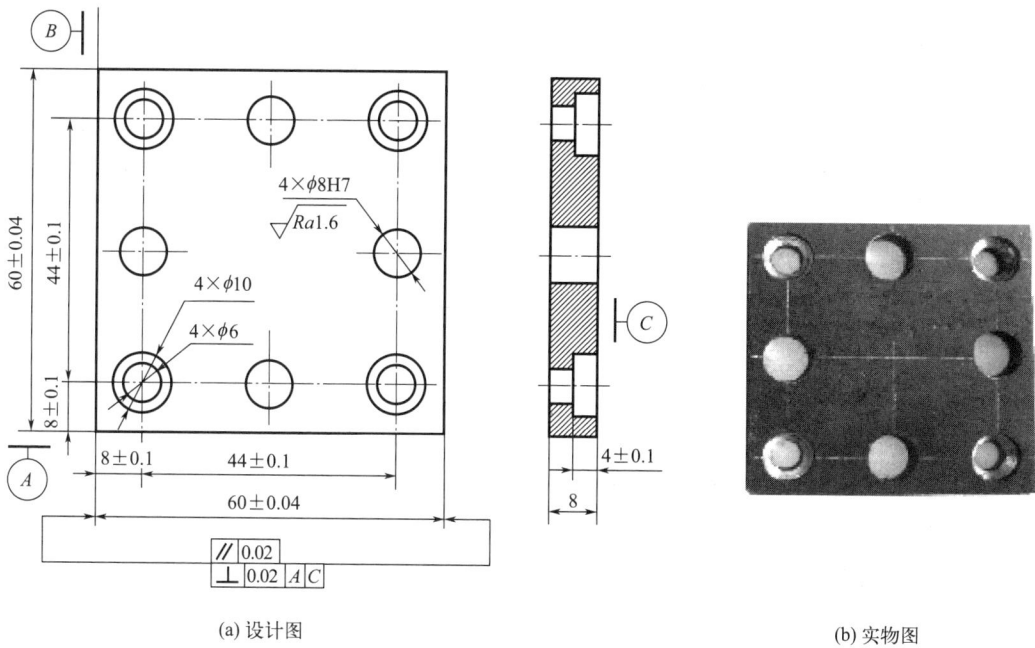

(a) 设计图

(b) 实物图

图 7-9　凸形锉配加工图（件三）

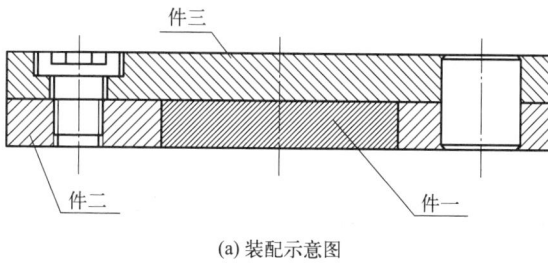

(a) 装配示意图

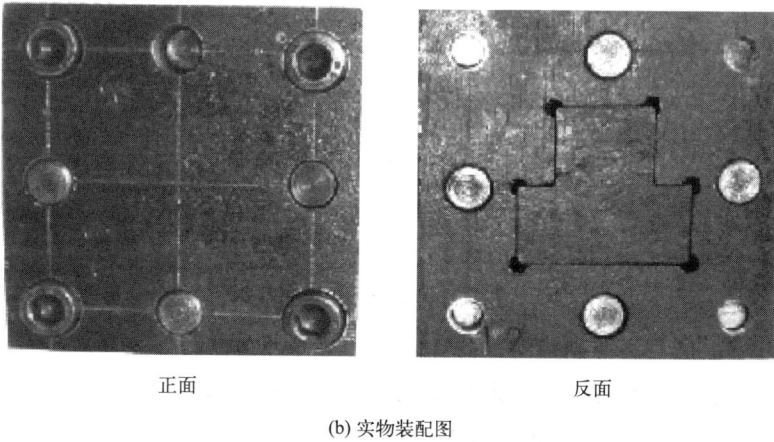

正面　　　　　　　　　　反面

(b) 实物装配图

图 7-10　凸形锉配加工图（装配）

距离 Δ，如图 7-11 所示。

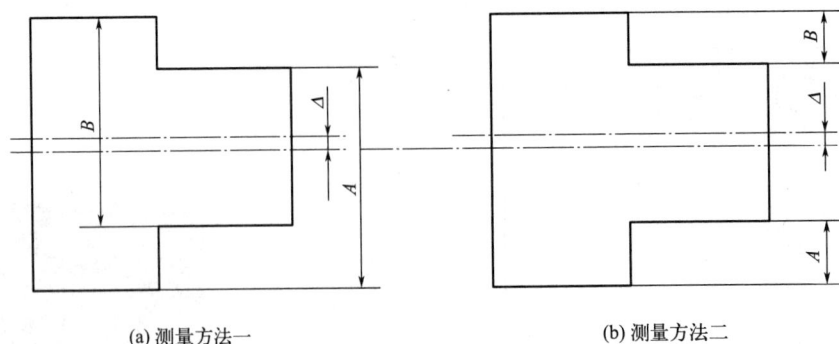

(a) 测量方法一　　　　　　　　　　　　(b) 测量方法二

图 7-11　对称度与测量方法

对称度的测量方法：测量被测表面与基准表面的尺寸 A 和 B，其差值之半即为对称度误差。

对称度的控制方法：采用间接测量方法来控制对称度和尺寸精度。

2. 加工步骤

本任务件二（凸件）的加工步骤如图 7-12 所示。

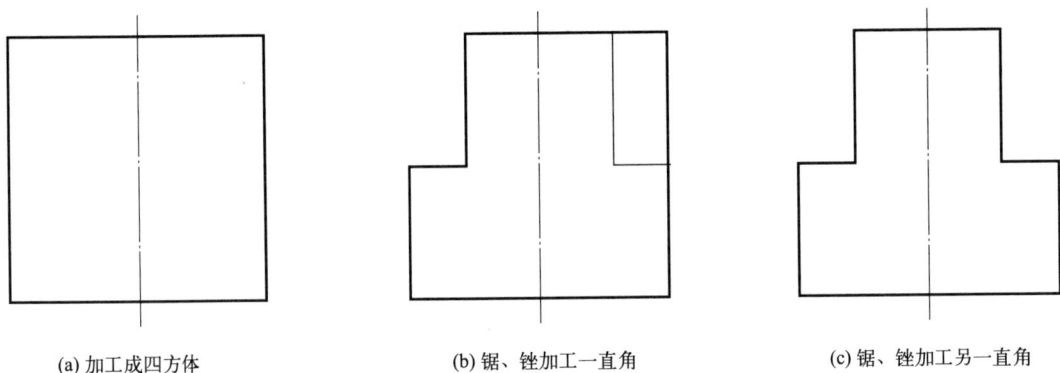

(a) 加工成四方体　　　　　　(b) 锯、锉加工一直角　　　　　　(c) 锯、锉加工另一直角

图 7-12　凸件的加工步骤

3. 螺钉孔及其穿过孔的配钻

配钻原因：螺钉孔及其穿过孔的加工质量，对模具装配有很大的影响。为了保证其位置精度，一般采用配作。

① 划线误差大，几个零件分别划线后，其累积误差更大。

② 凸、凹模在热处理后，螺钉孔及其穿过孔因变形发生位置偏移。

③ 配钻方法

a. 直接引钻法：通过已经加工好的光孔配钻螺纹底孔，将两个零件按要求位置夹在一起，用与光孔直径相同的钻头，以光孔作引导，在待加工件上先钻一锥坑，再把两个零件分开，以锥坑为准钻孔。

　　b. 螺纹中心冲印法：根据已加工的螺孔来配作，如图 7-13 所示。使用时螺纹中心冲旋入已加工的螺孔内，用高度尺找平，将两工件按装配位置夹在一起加压，使在待加工的各对应孔中心压出中心冲眼后钻孔。

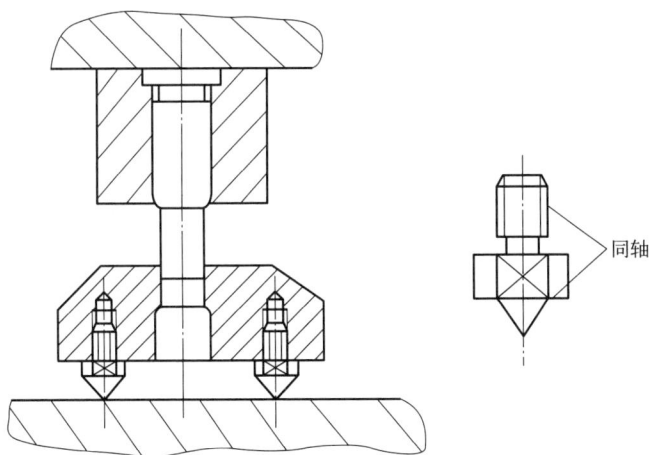

图 7-13　螺纹中心冲印法

　　4. 凸形锉配加工技术要求

　　① 件二的凸形孔应以件一为基准进行配作加工。

　　② 件一与件二正反配合间隙不得大于 0.06mm。

　　③ 件三的 4 个沉孔和 4 个 $\phi 10$ 的销钉孔，要求与件二用配钻的方法加工。

　　④ 除了铰孔外，工件所有加工表面的表面粗糙度值应不大于 3.2μm。

二、凸形锉配加工注意事项

　　① 为了能对件一 16mm 尺寸的对称度进行测量和控制，28mm 的实际尺寸必须测量准确。

　　② 件一（凸件）加工时，只能先去掉一部分垂直角料，待加工到所要求的尺寸公差后，才能去掉另一部分垂直角料。由于受到测量工具的限制，只能采用间接测量法得到所需要的尺寸公差。

　　③ 采用间接测量方法来控制工件的尺寸精度，必须控制好有关的工艺尺寸。

　　④ 为了达到配合后转位互换精度，在凸凹形面加工时，必须控制好垂直度在最小范围内。

三、操作步骤与过程监测

　　操作步骤与过程监测记录见表 7-7。

表 7-7 操作步骤与过程监测记录

序号	加工步骤	监测记录	备注
1	加工件一两个垂直的基准面		
2	划线		
3	加工 26mm×28mm 方块		
4	锯去一角余料,并加工两面,保证尺寸(13±0.04)mm 和(22±0.04)mm		
5	锯去另一角余料,并加工两面,保证尺寸(13±0.04)mm 和(16±0.04)mm		
6	倒棱		
7	加工件二两个垂直基准面 A 和 B		
8	划线 60mm×60mm,并锯削余料		
9	锉削加工基准面 A 的对应面,控制好尺寸(60±0.04)mm		
10	锉削加工基准面 B 的对应面,控制好尺寸(60±0.04)mm		
11	划出所有孔位线和内凸形孔加工参考线,并打上样冲眼		
12	钻 6×ϕ3mm 工艺孔和螺孔(ϕ5mm);销钉孔的底孔(ϕ7.7mm);钻孔(ϕ10mm)去除件二的内凸形孔余料		
13	粗加工件二的内凸形孔至划线处		
14	加工尺寸(22±0.04)mm		
15	加工尺寸(16±0.04)mm		
16	加工尺寸(17±0.04)mm		
17	以件一为基准锉配件二的凸形孔,并保证配合间隙≤0.06mm		
18	倒棱		
19	加工件三两个垂直基准面 A 和 B		
20	划线 60mm×60mm,并锯削余料		
21	锉削加工基准面 A 的对应面,控制好尺寸(60±0.04)mm		
22	锉削加工基准面 B 的对应面,控制好尺寸(60±0.04)mm		
23	用厌氧胶将件二和件三暂时连接起来		
24	用 ϕ5mm 钻头配钻件三的沉孔,之后再将件二和件三分开		
25	用 ϕ6mm 和 ϕ10mm 钻头加工件三的沉孔		
26	件二攻螺纹		
27	将件二和件三用 M6 螺钉连接装配		
28	用件二的销钉底孔配钻件三的销钉底孔,然后同时铰孔		
29	打上销钉		
30	倒棱、复检上交评分		

四、评分

评分标准见表 7-8。

表 7-8　评分标准

序号	评分项目	学生自测		教师检测		单次配分	得分
1	尺寸要求(26±0.04)mm					2	
2	尺寸要求(28±0.04)mm					2	
3	尺寸要求(13±0.04)mm					2	
4	尺寸要求(16±0.04)mm					2	
5	对称度 0.04mm					3	
6	尺寸要求(60±0.04)mm(4 处)					2	
7	尺寸要求(22±0.04)mm					2	
8	尺寸要求(16±0.04)mm					2	
9	尺寸要求(17±0.04)mm					2	
10	尺寸要求(44±0.1)mm(6 处)					2	
11	尺寸要求(8±0.1)mm(6 处)					2	
12	尺寸要求(4±0.1)mm(4 处)					2	
13	攻螺纹 M6(4 处)					1	
14	铰孔 ϕ8H7(8 处)					1	
15	正反配合间隙≤0.06mm(12 处)					1.5	
16	装配螺栓和销钉孔的个数(8 处)					1.5	
17	实训工时:30 学时,每超过 2 学时扣 5 分	开始时间				−5	
		结束时间					
		实际工时					
18	表面粗糙度 Ra3.2μm,若不达要求,则每一面扣 1 分					−1	
19	安全文明生产,每违反一次扣 5 分					−5	
20	总分						

五、问题思考

完成本任务后，请思考并回答下面的思考题。

1. 如何保证件一与件二的正反配合间隙？

_____

_____

_____

_____

2. 为了使件二和件三能顺利装配，采用了什么方法？这种方法有什么特点？

_____

_____

_____

_____

_____

六、总结评价

凸形锉配实训报告与总结评价表见表 7-9。

表 7-9　凸形锉配实训报告与总结评价表

姓名		学号		班级	
实训时间		至		共	学时
请简要写出凸形锉配的加工步骤					

续表

在本任务中,你学到了什么技能? 有何感想和体会? 你在哪些方面还要加强?								

自我评价	优		良		中		差		签名	
组长评价	优		良		中		差		签名	

	项目	优		良		中		差	
教师评价	尊师守纪		优		良		中		差
	劳动态度		优		良		中		差
	团结互助精神		优		良		中		差
	安全文明实训		优		良		中		差
	遵守加工工艺规程		优		良		中		差
	解决问题能力		优		良		中		差
	技能掌握情况		优		良		中		差
	评语								
	综合评定:优(　) 良(　) 中(　) 差(　) 指导教师:　　　　　　　　　　年　月　日								

任务四　圆柱方孔

【学习目标】

① 掌握在圆柱工件上划线的技能。

② 掌握在圆柱上钻孔的方法。

③ 掌握内方孔的测量方法。

【任务描述】

圆柱方孔加工如图 7-14 所示,按图所标注的尺寸和要求,在规定课时完成制作。

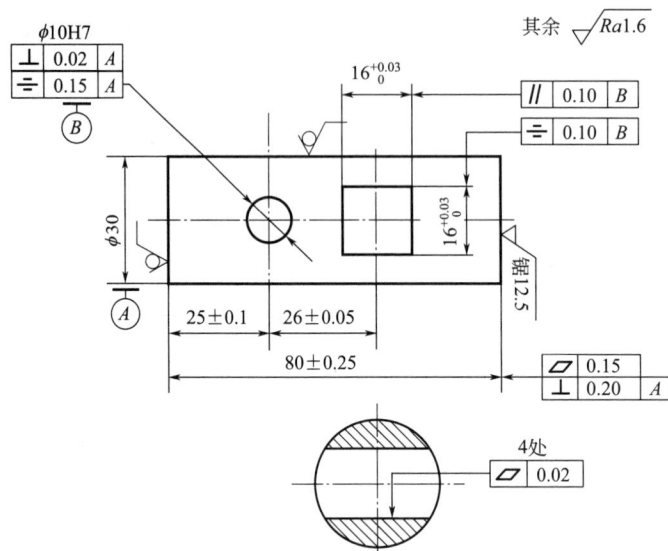

(a) 设计图

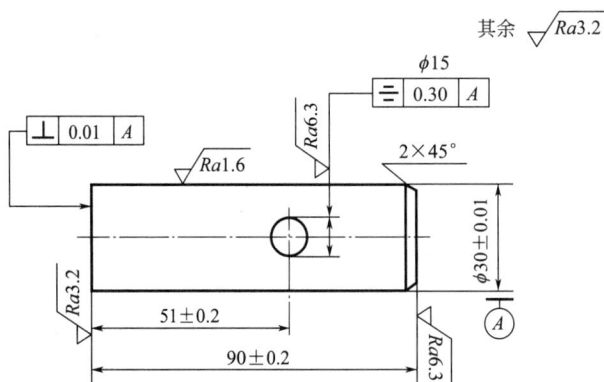

(b) 下料准备图

(c) 实物图

图 7-14　圆柱方孔加工图

一、圆柱方孔加工

1. 在圆柱形工件上划线

教师要进行示范操作。

（1）支持工具

在圆柱上划线要用 V 形架（图 7-15）来支承工件。

（2）划线参考步骤

① 工件涂色。

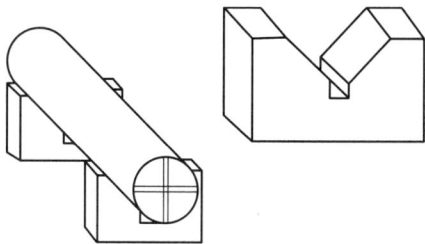

图 7-15　V 形架

② 找正已有的 $\phi15mm$ 工艺孔的轴线，使之与划线平台水平。

③ 在端面和圆柱面上划出圆柱的中心线。

④ 划出方孔两条相距 16mm 的平行线。

⑤ 以右端面为基准划出 $\phi10mm$ 孔位的高度线和方孔相距 16mm 的平行线。

2. 在圆柱上钻孔的方法

（1）圆柱形工件的夹持

用 V 形架配以螺钉、压板夹持，如图 7-16 所示，可使圆柱形工件在钻孔时不会转动。

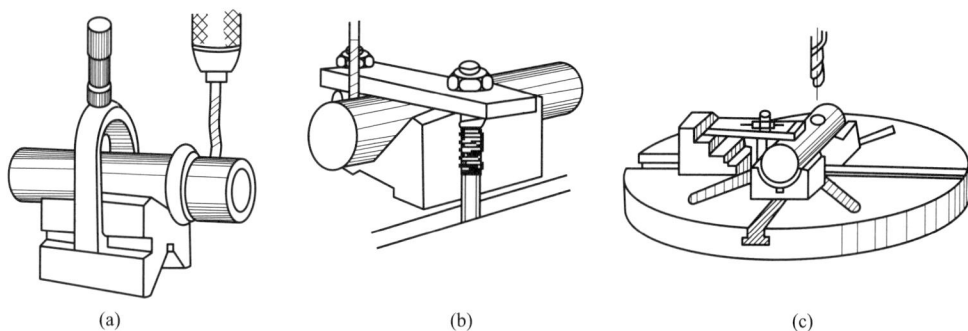

(a)　　　　　　　　　(b)　　　　　　　　　(c)

图 7-16　圆柱形工件的夹持方法

（2）在圆柱形工件上钻孔的方法

由于工件孔的对称度要求不太高，可不用定心工具，直接利用钻头的钻尖来找正 V 形架的位置，再用 90°角尺找正工件端面的中心线，并使钻尖对准钻孔中心，进行试钻和钻孔。

二、圆柱方孔加工技术要求

① 方孔可用自制的方规（$16^{+0.02}_{0}mm \times 16^{+0.02}_{0}mm$）自测，其相邻面垂直度误差 $\leqslant0.02mm$。

② 锯削面一次完成，不得反接、修锉。

③ 钻头必须现场刃磨。

三、圆柱方孔加工注意事项

① 在圆柱形工件上划线一定要掌握方法，尽量减小划线误差。

② 锉削方孔时，要注意控制锉刀的平衡（水平），以免造成锉削面的中凸，影响方孔的形位公差。

③ 方孔要注意清角，否则无法用方规自测。

④ 在圆柱上钻孔时，一定要用 V 形架夹持，并要用 90°角尺找正工件端面的中心线之后再钻孔。

四、加工步骤与过程监测

圆柱方孔加工步骤与过程监测记录见表 7-10。

表 7-10　圆柱方孔加工步骤与过程监测记录

序号	加工步骤	教师监测记录	备注
1	检查准备材料的尺寸		
2	工件涂色、划线、打中心眼		
3	钻孔、铰孔		
4	锯削工件右端面		
5	粗加工方孔至划线处		
6	精加工方孔与左端面最近的面，保证相关工艺尺寸		
7	精加工方孔与圆柱母线（基准 A）平行的面，保证相关工艺尺寸		
8	用自制的方规配作加工方孔的另外两面，保证 16mm 尺寸精度		
9	全面检查工件		
10	上交评分		

五、评分

评分标准见表 7-11。

表 7-11　评分标准

序号	评分项目与标准	学生自测	教师检测	单次配分	得分
1	铰孔 $\phi 10H7$，超差不得分			5	
2	表面粗糙度 $Ra1.6\mu m$，超差不得分			5	
3	(25 ± 0.1)mm，超差 0.05mm 扣 2 分，超差 0.10mm 以上不得分			8	
4	⊥ 0.02 A，超差不得分			4	
5	═ 0.15 A，超差 0.1mm 扣 2 分，超差 0.1mm 以上不得分			10	
6	$16^{+0.03}_{0}$mm（2 处），超差不得分			8	

续表

序号	评分项目与标准	学生自测		教师检测		单次配分	得分
7	$Ra1.6\mu m$（4处），每增大一级扣2分					1.5	
8	（26±0.05）mm，超差不得分					7	
9	〿 0.10 B ，超差不得分					10	
10	∥ 0.10 B ，超差不得分					8	
11	相邻面垂直度误差≤0.02mm，超差不得分					6	
12	（80±0.25）mm，超差不得分					6	
13	$Ra12.5\mu m$，超差不得分					3	
14	▱ 0.15 ，每超差0.1mm扣1.5分					3	
15	⊥ 0.20 A ，超差不得分					3	
16	安全文明生产，每违反一次扣5分					－5	
17	实训工时：12学时，每超额1学时扣5分	开始时间				－5	
		结束时间					
		实际工时					
18	总分						

六、问题思考

完成本任务后，请思考并回答下面问题。

1. 在圆柱工件上划线要注意哪些事项？本工件你是如何划线的？

2. 在圆柱工件上钻孔如何进行装夹和找正？

3. 请简要叙述本任务内四方孔的加工步骤，并写出注意事项。

七、总结评价

圆柱方孔实训报告与总结评价表见表 7-12。

表 7-12　圆柱方孔实训报告与总结评价表

姓名		学号		班级	
实训时间		至	共	学时	
请简要写出制作圆柱方孔的加工步骤					
在本任务中,你学到了什么技能? 有何感想和体会? 你在哪些方面还要加强?					

续表

自我评价	优		良		中		差		签名	
组长评价	优		良		中		差		签名	
教师评价	尊师守纪			优		良		中		差	
	劳动态度			优		良		中		差	
	团结互助精神			优		良		中		差	
	安全文明实训			优		良		中		差	
	遵守加工工艺规程			优		良		中		差	
	解决问题能力			优		良		中		差	
	技能掌握情况			优		良		中		差	

教师评价

评语

综合评定:优( ) 良( ) 中( ) 差( )

指导教师:

年 月 日

附　录

附录一　钳工职业技能鉴定训练中级理论知识试卷

钳工中级理论知识试卷

一、单项选择题（第 1 题～第 160 题。选择一个正确的答案，将相应的字母填入题内的括号中。每题 0.5 分，满分 80 分）

1. 其励磁绕组和电枢绕组分别用两个直流电源供电的电动机叫（　　）。

A. 复励电动机　　B. 他励电动机　　C. 并励电动机　　D. 串励电动机

2. 将钢件加热、保温，然后在空气中冷却的热处理工艺叫（　　）。

A. 正火　　　　　B. 退火　　　　　C. 回火　　　　　D. 淬火

3. 蜗杆传动机构的装配顺序应根据具体情况而定，一般应先装（　　）。

A. 蜗轮　　　　　B. 蜗杆　　　　　C. 轴承　　　　　D. 密封环

4. 装配精度完全依赖于零件制造精度的装配方法是（　　）。

A. 选配法　　　　B. 修配法　　　　C. 调整法　　　　D. 完全互换法

5. 剖分式滑动轴承的轴承合金损坏后，可采用（　　）的办法，并经机械加工修复。

A. 重新浇注　　　B. 更新　　　　　C. 去除损坏处　　D. 补偿损坏处

6. 丝杠螺母传动机构只有一个螺母时，使螺母和丝杠始终保持（　　）。

A. 双向接触　　　　　　　　　　　B. 单向接触

C. 单向或双向接触　　　　　　　　D. 三向接触

7. 根据装配的方法解尺寸链有（　　）、选择法、修配法和调整法。

A. 直接选配法　　B. 分组选配法　　C. 完全互换法　　D. 互换法

8. 渗碳零件用钢是（　　）。

A. 20Cr　　　　　B. 45　　　　　　C. T10　　　　　D. T4

9. 滑动轴承的主要特点之一是（　　）。

A. 摩擦小　　　　B. 效率高　　　　C. 工作可靠　　　D. 装拆方便

10. 立钻 Z525（　　）最高转速是 1360r/min。

A. 主轴　　　　　B. 主轴进给量　　C. 第二轴　　　　D. 第六轴

11. 将能量由（　　）传递到工作机的一套装置称为传动装置。

A. 汽油机　　　　B. 柴油机　　　　C. 原动机　　　　D. 发电机

12. 板料在宽度方向上的弯曲，可利用金属材料的（　　　）。

A. 塑性　　　　　B. 弹性　　　　　C. 延伸性能　　　D. 导热性能

13. 蜗杆与蜗轮的轴心线相互间有（　　　）关系。

A. 平行　　　　　B. 重合　　　　　C. 倾斜　　　　　D. 垂直

14. 使用锉刀时不能（　　　）。

A. 推锉　　　　　B. 来回锉　　　　C. 单手锉　　　　D. 双手锉

15. 千分尺测微螺杆的测量位移是（　　　）mm。

A. 25　　　　　　B. 50　　　　　　C. 100　　　　　D. 150

16. 转速（　　　）的大齿轮装在轴上后应作平衡检查，以免工作时产生过大振动。

A. 高　　　　　　B. 低　　　　　　C. 1500r/min　　D. 1440r/min

17. 将燃油雾化成较细的颗粒，并把它们分布到燃烧室中的装置叫（　　　）。

A. 喷油泵　　　　B. 喷油器　　　　C. 滤清器　　　　D. 调速器

18. 分度头的手柄转一周，装夹在主轴上的工件转（　　　）。

A. 1周　　　　　B. 20周　　　　　C. 40周　　　　　D. 1/40周

19. 带在轮上的包角不能太小，（　　　）包角不能小于120°，才保证不打滑。

A. 三角带　　　　B. 平带　　　　　C. 齿形带　　　　D. 窄 V 形带

20. 依靠改变输入电动机的电源相序，致使定子绕组产生的旋转磁场反向，从而使转子受到与原来转动方向相反的转矩而迅速停止的制动叫（　　　）。

A. 反接制动　　　　　　　　　　　B. 机械制动

C. 能耗制动　　　　　　　　　　　D. 电磁抢闸制动

21. 对角研，只适合刮削（　　　）的原始平板。

A. 长方形　　　　B. 正方形　　　　C. 圆形　　　　　D. 三角形

22. 立钻电动机二级保养要按需要拆洗电机，更换（　　　）润滑剂。

A. 20 号机油　　　　　　　　　　　B. 40 号机油

C. 锂基润滑脂　　　　　　　　　　D. 1 号钙基润滑脂

23. 两带轮在使用过程中，发现轮上的三角带张紧程度（　　　），这是轴颈弯曲原因造成的。

A. 太紧　　　　　B. 太松　　　　　C. 不等　　　　　D. 发生变化

24. 过盈装配的压入配合时，压入过程必须连续压入速度以（　　　）为宜。

A. 0.1m/s　　　　B. 0.5m/s　　　　C. 15～20mm/s　D. 2～4mm/s

25. 内径百分表的测量范围是通过更换（　　　）来改变的。

A. 表盘　　　　　B. 测量杆　　　　C. 长指针　　　　D. 可换触头

26. （　　　）常用来检验工件表面或设备安装的水平情况。

A. 测微仪　　　　B. 轮廓仪　　　　C. 百分表　　　　D. 水平仪

27. 螺旋传动机械是将螺旋运动变换为（　　　）。

A. 两轴速垂直运动　　　　　　　　B. 直线运动

C. 螺旋运动　　　　　　　　　　　D. 曲线运动

28. 锯条的粗细是以（　　）mm 长度内的齿数表示的。

A. 15　　　　　　B. 20　　　　　　C. 25　　　　　　D. 35

29. 当有人触电而停止了呼吸，心脏仍跳动，应采取的抢救措施是（　　）。

A. 立即送医院抢救　　　　　　　　B. 请医生抢救

C. 就地立即做人工呼吸　　　　　　D. 作体外心跳按摩

30. （　　）的装配技术要求要连接可靠，受力均匀，不允许有自动松脱现象。

A. 牙嵌式离合器　　　　　　　　　B. 磨损离合器

C. 凸缘式联轴器　　　　　　　　　D. 十字沟槽式联轴器

31. 圆柱销一般靠过盈固定在孔中，用以（　　）。

A. 定位　　　　　　B. 连接　　　　　C. 定位和连接　　　D. 传动

32. 内燃机型号最右边的字母 K 表示（　　）。

A. 汽车用　　　　B. 工程机械用　　　C. 船用　　　　D. 飞机用

33. 标准丝锥切削部分的前角为（　　）。

A. 5°～6°　　　　B. 6°～7°　　　　C. 8°～10°　　　D. 12°～16°

34. 用涂色法检查离合器两圆锥面的接触情况时，色斑分布（　　）。

A. 靠近锥顶　　　　　　　　　　　B. 靠近锥底

C. 靠近中部　　　　　　　　　　　D. 在整个圆锥表面上

35. 装配工艺规程的内容包括（　　）。

A. 所需设备工具时间额定　　　　　B. 设备利用率

C. 厂房利用率　　　　　　　　　　D. 耗电量

36. 链传动的损坏形式有链被拉长，链和链轮磨损，（　　）。

A. 脱链　　　　　　　　　　　　　B. 链断裂

C. 轴颈弯曲　　　　　　　　　　　D. 链和链轮配合松动

37. 分组选配法的装配精度决定于（　　）。

A. 零件精度　　　　　　　　　　　B. 分组数

C. 补偿环精度　　　　　　　　　　D. 调整环的精度

38. 立式钻床的主要部件包括（　　）、进给变速箱、主轴和进给手柄。

A. 操纵机构　　　B. 主轴变速箱　　　C. 齿条　　　　D. 铜球接合子

39. 销连接有圆柱销连接和（　　）连接两类。

A. 锥销　　　　　B. 圆销　　　　　C. 扁销　　　　D. 圆锥销

40. 属位置公差项目的符号是（　　）。

A. 一　　　　　　B. ○　　　　　　C. ＝　　　　　D. ⊥

41. 车床（　　）的纵向进给和横向进给运动是螺旋传动。

A. 光杠　　　　　B. 旋转　　　　　C. 立轴　　　　　D. 丝杠

42. 用划线盘进行划线时，划针应尽量处于（　　）位置。

A. 垂直　　　　　B. 倾斜　　　　　C. 水平　　　　　D. 随意

43. 錾削用的手锤锤头是碳素工具钢制成，并淬硬处理，其规格用（　　）表示。

A. 长度　　　　　B. 重量　　　　　C. 体积　　　　　D. 高度

44. 划线时，直径大于 20mm 的圆周线上应有（　　）以上冲点。

A. 四个　　　　　B. 六个　　　　　C. 八个　　　　　D. 十个

45. 平面锉削分为顺向锉、交叉锉，还有（　　）。

A. 拉锉法　　　　B. 推锉法　　　　C. 平锉法　　　　D. 立锉法

46. 磨削加工的实质可看成是具有无数个刀齿的（　　）刀的超高速切削加工。

A. 铣　　　　　　B. 车　　　　　　C. 磨　　　　　　D. 插

47. 销连接在机械中除起到连接作用外，还起（　　）和保险作用。

A. 定位作用　　　B. 传动作用　　　C. 过载剪断　　　D. 固定作用

48. 长方体工件定位，在导向基准面上应分布（　　）支承点，并且要在同一平面上。

A. 一个　　　　　B. 两个　　　　　C. 三个　　　　　D. 四个

49. 高速钢常用的牌号是：（　　）。

A. CrWMn　　　　B. W18Cr4V　　　C. 9SiCr　　　　D. Cr12MoV

50. 整体式滑动轴承装配的第二步是（　　）。

A. 压入轴套　　　B. 修整轴套　　　C. 轴套定位　　　D. 轴套的检验

51. 过盈连接的类型有圆柱面过盈连接装配和（　　）。

A. 圆锥面过盈连接装配　　　　　　　B. 普通圆柱销过盈连接装配

C. 普通圆锥销过盈连接　　　　　　　D. 螺座圆锥销的过盈连接

52. 利用分度头可在工件上划出圆的（　　）。

A. 等分线　　　　　　　　　　　　　B. 不等分线

C. 等分线或不等分线　　　　　　　　D. 以上叙述都不正确

53. 联轴器只有在机器停车时，用拆卸的方法才能使两轴（　　）。

A. 脱离传动关系　　　　　　　　　　B. 改变速度

C. 改变运动方向　　　　　　　　　　D. 改变两轴相互位置

54. Ra 在代号中仅用数值表示，单位为（　　）。

A. μm　　　　　B. cm　　　　　C. dm　　　　　D. mm

55. 零件在交变载荷作用下使用，使表面产生微小裂纹以致剥落称为（　　）磨损。

A. 高温　　　　　B. 疲劳　　　　　C. 腐蚀　　　　　D. 氧化

56. 圆板牙的前角数值沿切削刃变化，（　　）处前角最大。

A. 中径　　　　　　B. 小径　　　　　　C. 大径　　　　　　D. 大径和中径

57. 主要用于碳素工具钢，合金工具钢，高速钢工件研磨的磨料是（　　）。

A. 氧化物磨料　　B. 碳化物磨料　　C. 金刚石磨料　　D. 氧化铬磨料

58. 剖分式轴瓦安装在轴承中无论在圆周方向或轴向都不允许有（　　）。

A. 间隙　　　　　　B. 位移　　　　　　C. 定位　　　　　　D. 接触

59. 为减少振动，用麻花钻改制的锥形锪钻一般磨成双重后角为（　　）。

A. $\alpha_0 = 0° \sim 5°$　　　　　　　　　　B. $\alpha_0 = 6° \sim 10°$

C. $\alpha_0 = 10° \sim 15°$　　　　　　　　　D. $\alpha_0 = 15° \sim 20°$

60. 长方体工件定位，在止推基准面上应分布（　　）支承点。

A. 一个　　　　　　B. 两个　　　　　　C. 三个　　　　　　D. 四个

61. 问要在一圆盘面上划出（　　），每划一条线后分度头上的手柄应摇 $6\frac{2}{3}$ 周，再划第二条线。

A. 三边形　　　　　B. 四边形　　　　　C. 五边形　　　　　D. 六边形

62. 对离合器的要求是（　　），工作平稳和能传递足够的扭矩。

A. 能改变运动方向　　　　　　　　　　B. 分合灵敏

C. 传递力矩　　　　　　　　　　　　　D. 能使两轴同步运转

63. 确定底孔直径的大小，要根据工件的（　　）、螺纹直径的大小来考虑。

A. 大小　　　　　　B. 螺纹深度　　　　C. 重量　　　　　　D. 材料性质

64. 壳体、壳体中部的鼓形回转体、主轴、分度机构和分度盘组成（　　）。

A. 分度头　　　　　B. 套筒　　　　　　C. 手柄芯轴　　　　D. 螺旋

65. 圆柱孔轴承的拆卸，可以用压力机，也可以用（　　）。

A. 套筒　　　　　　　　　　　　　　　B. 拉出器

C. 手捶　　　　　　　　　　　　　　　D. 软金属棒和手捶

66. 平锉、方锉、圆锉、半圆锉和三角锉属于（　　）类锉刀。

A. 特种锉　　　　　B. 什锦锉　　　　　C. 普通锉　　　　　D. 整形锉

67. 影响齿轮（　　）的因素包括齿轮加工精度，齿轮的精度等级，齿轮副的侧隙要求及齿轮副的接触斑点要求。

A. 运动精度　　　　B. 传动精度　　　　C. 接触精度　　　　D. 工作平稳性

68. 当过盈量及配合尺寸较小时，一般采用（　　）装配。

A. 温差法　　　　　B. 压入法　　　　　C. 爆炸法　　　　　D. 液压套合法

69. 锯条在制造时，使锯齿按一定的规律左右错开，排列成一定形状，称为（　　）。

A. 锯齿的切削角度　　　　　　　　　　B. 锯路

C. 锯齿的粗细　　　　　　　　　　　　D. 锯割

70. 为消除零件因偏重而引起振动，必须进行（　　）。

A. 平衡试验　　　　B. 水压试验　　　　C. 气压试验　　　　D. 密封试验

71. 螺纹装配包括（　　）装配。

A. 普通螺纹　　　　　　　　　　B. 特殊螺纹

C. 双头螺栓　　　　　　　　　　D. 双头螺栓和螺母、螺钉

72. 孔的最大极限尺寸与轴的最小极限尺寸之代数差为负值叫（　　）。

A. 过盈值　　　　　B. 最小过盈　　　　C. 最大过盈　　　　D. 最大间隙

73. 夏季应当采用黏度（　　）的油液。

A. 较低　　　　　　B. 较高　　　　　　C. 中等　　　　　　D. 不作规定

74. 三角形螺纹主要用于（　　）。

A. 连接件　　　　　B. 传递运动　　　　C. 承受单向压力　　D. 圆管的连接

75. 刀具两次重磨之间纯切削时间的总和称为（　　）。

A. 使用时间　　　　B. 机动时间　　　　C. 刀具磨损限度　　D. 刀具寿命

76. 使用（　　）时应戴橡皮手套。

A. 电钻　　　　　　B. 钻床　　　　　　C. 电剪刀　　　　　D. 镗床

77. 过盈连接是依靠包容件和被包容件配合后的（　　）来达到紧固连接的。

A. 压力　　　　　　B. 张紧力　　　　　C. 过盈值　　　　　D. 摩擦力

78. 车刀切削部分材料的硬度不能低于（　　）。

A. HRC90　　　　　B. HRC70　　　　　C. HRC60　　　　　D. HRC50

79. 钻头直径大于 13mm 时，柄部一般做成（　　）。

A. 直柄　　　　　　B. 莫氏锥柄　　　　C. 方柄　　　　　　D. 直柄锥柄都有

80. 对于形状（　　）的静止配合件拆卸可用拉拔法。

A. 复杂　　　　　　B. 不规则　　　　　C. 规则　　　　　　D. 简单

81. 国标规定外螺纹的大径应画（　　）。

A. 点画线　　　　　B. 粗实线　　　　　C. 细实线　　　　　D. 虚线

82. 孔的最大极限尺寸与轴的最小极限尺寸之代数差为正值叫（　　）。

A. 间隙值　　　　　B. 最小间隙　　　　C. 最大间隙　　　　D. 最小过盈

83. 錾削铜、铝等软材料时，楔角取（　　）。

A. 30°～50°　　　　B. 50°～60°　　　　C. 60°～70°　　　　D. 70°～90°

84. 在拧紧（　　）布置的成组螺母时，必须对称地进行。

A. 长方形　　　　　B. 圆形　　　　　　C. 方形　　　　　　D. 圆形或方形

85. 长方体工件定位，在（　　）上方分布一个支承点。

A. 止推基准面　　　　　　　　　B. 导向基准面

C. 主要定位基准面　　　　　　　D. 大平面

86. 在尺寸链中，当其他尺寸确定后，新产生的一个环是（　　）。

A. 增环　　　　　B. 减环　　　　　C. 封闭环　　　　D. 组成环

87. （　　）连接在机械中主要是定位，连接成锁定零件，有时还可作为安全装置的过载剪断零件。

A. 键　　　　　　B. 销　　　　　　C. 滑键　　　　　D. 圆柱销

88. 用测力扳手使预紧力达到给定值的方法是（　　）。

A. 控制扭矩法　　　　　　　　　B. 控制螺栓伸长法

C. 控制螺母扭角法　　　　　　　D. 控制工件变形法

89. 轴承内孔的刮削精度除要求有一定数目的接触点，还应根据情况考虑接触点的（　　）。

A. 合理分布　　　B. 大小情况　　　C. 软硬程度　　　D. 高低分布

90. 带传动具有（　　）特点。

A. 吸振和缓冲　　　　　　　　　B. 传动比准确

C. 适用两传动轴中心距离较小　　D. 效率高

91. 四缸柴油机，各缸做功的间隔角度为（　　）。

A. 45°　　　　　　B. 30°　　　　　C. 120°　　　　　D. 180°

92. 普通圆柱蜗杆（　　）的精度等级有 12 个。

A. 传动　　　　　　B. 运动　　　　　C. 接触　　　　　D. 工作稳定性

93. （　　）是造成工作台往复运动速度误差大的原因之一。

A. 油缸两端的泄漏不等　　　　　B. 系统中混入空气

C. 活塞有效作用面积不一样　　　D. 液压缸容积不一样

94. 加工零件的特殊表面用（　　）刀。

A. 普通锉　　　　　B. 整形锉　　　　C. 特种锉　　　　D. 板锉

95. 錾削硬钢或铸铁等硬材料时，楔角取（　　）。

A. 30°～50°　　　B. 50°～60°　　　C. 60°～70°　　　D. 70°～90°

96. 锉刀的主要工作面指的是（　　）。

A. 有锉纹的上、下两面　　　　　B. 两个侧面

C. 全部表面　　　　　　　　　　D. 顶端面

97. 齿轮传动中，为增加（　　），改善啮合质量，在保留原齿轮副的情况下，采取加载跑合措施。

A. 接触面积　　　B. 齿侧间隙　　　C. 工作平稳性　　D. 加工精度

98. 拆卸时的基本原则，拆卸顺序与（　　）相反。

A. 装配顺序　　　B. 安装顺序　　　C. 组装顺序　　　D. 调节顺序

99. （　　）是液压传动的基本特点之一。

A. 传动比恒定　　　　　　　　　B. 传动噪声大

C. 易实现无级变速和过载保护作用　D. 传动效率高

100. 在钻床钻孔时，钻头的旋转是（　　）运动。

A. 进给　　　　　B. 切削　　　　　C. 主　　　　　D. 工作

101. （　　） 联轴器的装配要求在一般情况下应严格保证两轴的同轴度。

A. 滑块式　　　　　　　　　B. 凸缘式

C. 万向节　　　　　　　　　D. 十字沟槽式

102. 用 15 钢制造凸轮，要求表面高硬度而心部具有高韧性，应采用（　　）的热处理工艺。

A. 渗碳＋淬火＋低温回火　　　B. 退火

C. 调质　　　　　　　　　D. 表面淬火

103. 钻床（　　）应停车。

A. 变速过程　　　B. 变速后　　　C. 变速前　　　D. 装夹钻夹头

104. 操作钻床时，不能戴（　　）。

A. 帽子　　　　　B. 眼镜　　　　　C. 手套　　　　　D. 口罩

105. 按规定的技术要求，将若干零件结合成部件或若干个零件和部件结合成机器的过程称为（　　）。

A. 装配　　　　　B. 装配工艺过程　　C. 装配工艺规程　　D. 装配工序

106. 锯条上的全部锯齿按一定的规律（　　）错开，排列成一定的形状称为锯路。

A. 前后　　　　　B. 上下　　　　　C. 左右　　　　　D. 一前一后

107. 柴油机的主要（　　）是曲轴。

A. 运动件　　　　B. 工作件　　　　C. 零件　　　　　D. 组成

108. 产品的装配工作包括总装配和（　　）。

A. 固定式装配　　B. 移动式装配　　C. 装配顺序　　　D. 部件装配

109. 更换键是（　　）磨损常采取的修理办法。

A. 楔键　　　　　B. 定位键　　　　C. 键　　　　　　D. 平键

110. 车床丝杠的纵向进给和横向进给运动是（　　）。

A. 齿轮传动　　　　　　　　B. 液化传动

C. 螺旋传动　　　　　　　　D. 蜗杆副传动

111. 机械传动是采用带轮、齿轮、轴等机械零件组成的传动装置来进行（　　）的传递。

A. 运动　　　　　B. 动力　　　　　C. 速度　　　　　D. 能量

112. 离合器是一种使主、从动轴接合或分开的传动装置，分牙嵌式和（　　）两种。

A. 摩擦式　　　　B. 柱销式　　　　C. 内齿式　　　　D. 侧齿式

113. 传动精度高，工作平稳，无噪声，易于自锁，能传递较大的扭矩，这是（　　）特点。

A. 螺旋传动机构　　　　　　B. 蜗轮蜗杆传动机构

C. 齿轮传动机构   D. 带传动机构

114. 液压传动是依靠（　　）来传递动力的。

A. 油液内部的压力   B. 密封容积的变化

C. 油液的流动   D. 活塞的运动

115. 装配前准备工作主要包括零件的清理和清洗、（　　）和旋转件的平衡试验。

A. 零件的密封性试验   B. 气压法

C. 液压法   D. 静平衡试验

116. 若弹簧的外径与其他零件相配时，公式 $D_0 = (0.75 - 0.8)D_1$ 中的系数应取（　　）值。

A. 大   B. 偏大   C. 中   D. 小

117. 轴、轴上零件及两端轴承，支座的组合称（　　）。

A. 轴组   B. 装配过程   C. 轴的配合   D. 轴的安装

118. 检查用的平板其平面度要求 0.03，应选择（　　）方法进行加工。

A. 磨   B. 精刨   C. 刮削   D. 锉削

119. 液压传动中常用的液压油是（　　）。

A. 汽油   B. 柴油   C. 矿物油   D. 植物油

120. 要套 M10×1.5 的外螺纹，其圆杆直径应为（　　）。

A. $\phi = 9.8\text{mm}$ B. $\phi = 10\text{mm}$ C. $\phi = 9\text{mm}$ D. $\phi = 10.5\text{mm}$

121. 为了提高主轴的回转精度，轴承内圈与主轴装配及轴承外圈与箱体孔装配时，常采用（　　）的方法。

A. 过盈配合   B. 过渡配合   C. 定向装配   D. 严格装配

122. 液压系统中的辅助部分指的是（　　）。

A. 液压泵   B. 液压缸

C. 各种控制阀   D. 输油管、油箱等

123. 在一般情况下，为简化计算，当 $r/t \geq 8$ 时，中性层系数可按（　　）计算。

A. $X_0 = 0.3$ B. $X_0 = 0.4$ C. $X_0 = 0.5$ D. $X_0 = 0.6$

124. 锯割时，回程时应（　　）。

A. 用力   B. 取出   C. 滑过   D. 稍抬起

125. 工作完毕后，所用过的工具要（　　）。

A. 检修   B. 堆放   C. 清理、涂油   D. 交接

126. 尺寸链中封闭环（　　）等于各组成环公差之和。

A. 基本尺寸   B. 上偏差   C. 下偏差   D. 公差

127. 设备修理，拆卸时一般应（　　）。

A. 先拆内部、上部   B. 先拆外部、下部

C. 先拆外部、上部　　　　　　　　D. 先拆内部、下部

128. 工具摆放要（　　　）。

A. 堆放　　　　B. 混放　　　　C. 整齐　　　　D. 小压大

129. 蜗杆传动机构装配后，蜗轮在任何位置上，用手旋转蜗杆所需的扭矩（　　　）。

A. 均应相同　　　B. 大小不同　　　C. 相同或不同　　　D. 无要求

130. 在机件的主、俯、左三个视图中，机件对应部分的主、俯视图应（　　　）。

A. 长对正　　　B. 高平齐　　　C. 宽相等　　　D. 长相等

131. 标注形位公差代号时，形位公差框格左起第二格应填写（　　　）。

A. 形位公差项目符号　　　　　　　B. 形位公差数值

C. 形位公差数值及有关符号　　　　D. 基准代号

132. 对孔的粗糙度影响较大的是（　　　）。

A. 切削速度　　　B. 钻头刚度　　　C. 钻头顶角　　　D. 进给量

133. 齿轮在轴上（　　　），当要求配合过盈量很大时，应采用液压套合法装配。

A. 定位　　　　B. 滑动　　　　C. 空套　　　　D. 固定

134. 精度较高的轴类零件，矫正时应用（　　　）来检查矫正情况。

A. 钢板尺　　　B. 平台　　　C. 游标卡尺　　　D. 百分表

135. 下面（　　　）叙述不是影响齿轮传动精度的因素。

A. 齿形精度　　　　　　　　　　　B. 齿轮加工精度

C. 齿轮的精度等级　　　　　　　　D. 齿轮带的接触斑点要求

136. 在高强度材料上钻孔时，为使润滑膜有足够的强度可在切削液中加（　　　）。

A. 机油　　　　B. 水　　　　C. 硫化切削油　　　D. 煤油

137. 刮刀精磨须在（　　　）上进行。

A. 油石　　　B. 粗砂轮　　　C. 油砂轮　　　D. 都可以

138. 常用螺纹按（　　　）可分为三角螺纹、方形螺纹、条形螺纹、半圆螺纹和锯齿螺纹等。

A. 螺纹的用途　　　　　　　　　　B. 螺纹轴向剖面内的形状

C. 螺纹的受力方式　　　　　　　　D. 螺纹在横向剖面内的形状

139. 装配尺寸链是指全部组成尺寸为（　　　）设计尺寸所形成的尺寸链。

A. 同一零件　　　B. 不同零件　　　C. 零件　　　D. 组成环

140. 设备修理，拆卸时一般应（　　　）。

A. 先内后外　　　　　　　　　　　B. 先上后下

C. 先外部、上部　　　　　　　　　D. 先内、下

141. 机床导轨和滑行面，在机械加工之后，常用（　　　）方法进行加工。

A. 锉削　　　　　　B. 刮削　　　　　　C. 研磨　　　　　　D. 錾削

142. 内燃机按（　　）分类，有往复活塞式内燃机、旋转活塞式内燃机和涡轮式内燃机等。

A. 基本工作原理　　　　　　　　　　B. 所用燃料

C. 工作循环冲程数　　　　　　　　　D. 运动形式

143. 矫直棒料时，为消除因弹性变形所产生的回翘可（　　）一些。

A. 适当少压　　　　　　　　　　　　B. 用力小

C. 用力大　　　　　　　　　　　　　D. 使其反向弯曲塑性变形

144. 静连接花键装配，要有较少的过盈量，若过盈量较大，则应将套件加热到（　　）后进行装配。

A. 100°　　　　　B. −120°～80°　　　C. 150°　　　　　D. 200°

145. Ry 是表面粗糙度评定参数中（　　）的符号。

A. 轮廓算术平均偏差　　　　　　　　B. 微观不平度十点高度

C. 轮廓最大高度　　　　　　　　　　D. 轮廓不平程度

146. 一张完整的装配图的内容包括：（1）一组图形；（2）（　　）；（3）必要的技术要求；（4）零件序号和明细栏；（5）标题栏。

A. 正确的尺寸　　　　　　　　　　　B. 完整的尺寸

C. 合理的尺寸　　　　　　　　　　　D. 必要的尺寸

147. 内燃机按所用燃料分类有（　　）汽油机、煤气机和沼气机等。

A. 煤油机　　　　　　　　　　　　　B. 柴油机

C. 往复活塞式　　　　　　　　　　　D. 旋转活塞式

148. 狭窄平面研磨时，用金属块做"导靠"采用（　　）研磨轨迹。

A. 8 字形　　　　B. 螺旋形　　　　　C. 直线形　　　　　D. 圆形

149. 感应加热表面淬火，电流频率越高，淬硬层深度（　　）。

A. 越深　　　　　B. 越浅　　　　　　C. 不变　　　　　　D. 越大

150. 凡是将两个以上的零件结合在一起或将零件与几个组件结合在一起，成为一个装配单元的装配工作叫（　　）。

A. 部件装配　　　　B. 总装配　　　　C. 零件装配　　　　D. 间隙调整

151. 起重机在起吊较重物件时，应先将重物吊离地面（　　），检查后确认正常情况下方可继续工作。

A. 10cm 左右　　　B. 1cm 左右　　　C. 5cm 左右　　　　D. 50cm 左右

152. 电线穿过门窗及其他可燃材料应加套（　　）。

A. 塑料管　　　　B. 磁管　　　　　　C. 油毡　　　　　　D. 纸筒

153. 棒料和轴类零件在矫正时会产生（　　）变形。

A. 塑性　　　　　B. 弹性　　　　　　C. 塑性和弹性　　　D. 扭曲

154. 直径大的棒料或轴类多件常采用（　　）矫直。

A. 压力机　　　　　B. 手锤　　　　　　C. 台虎钳　　　　　D. 活络扳手

155. 零件图的技术要求的标注必须符合（　　）的规定注法。

A. 工厂　　　　　　B. 行业　　　　　　C. 部颁　　　　　　D. 国家标准

156. 包括：（1）一组图形；（2）必要的尺寸；（3）必要的技术要求；（4）零件序号和明细栏；（5）标题栏五项内容的图样是（　　　）。

A. 零件图　　　　　B. 装配图　　　　　C. 展开图　　　　　D. 示意图

157. 画出各个视图是绘制零件图的（　　）。

A. 第一步　　　　　B. 第二步　　　　　C. 第三步　　　　　D. 第四步

158. （　　）装卸钻头时，按操作规程必须用钥匙。

A. 电磨头　　　　　B. 电剪刀　　　　　C. 手电钻　　　　　D. 钻床

159. 一张完整的装配图的内容包括：（1）一组图形；（2）必要的尺寸；（3）（　　）；（4）零件序号和明细栏；（5）标题栏。

A. 技术要求　　　　　　　　　　　B. 必要的技术要求

C. 所有零件的技术要求　　　　　　D. 粗糙度及形位公差

160. 操作钻床时不能戴（　　）。

A. 帽子　　　　　　B. 手套　　　　　　C. 眼镜　　　　　　D. 口罩

二、判断题（第 161 题～第 200 题。将判断结果填入括号中。正确的填"√"，错误的填"×"。每题 0.5 分，满分 20 分）

161. （　　）用测力扳手使预紧力达到给定值的方法是控制扭角法。

162. （　　）内径千分尺在使用时温度变化对示值误差的影响不大。

163. （　　）内燃气配气机构由时气门摇臂、推杆挺柱、凸轮和齿轮等组成。

164. （　　）麻花钻刃磨时，应将主切削刃在略低于砂轮水平中心平面处先接触砂轮。

165. （　　）局部剖视图用波浪线作为剖与未剖部分的分界线，波浪线的粗细与粗实线的粗细相同。

166. （　　）滚动轴承可按载荷方向、滚动体形状、滚动体排列和承载能力进行分类的。

167. （　　）研具材料比被研磨的工件硬。

168. （　　）錾削时，錾子所形成的切削角度有前角、后角和楔角，三个角之和为 90°。

169. （　　）刀具材料的硬度越高，强度和韧性越低。

170. （　　）工业企业在计划期内生产的符合质量的工业产品实物量叫产品产量。

171. （　　）用检验棒校正丝杠螺母副平行度时，为消除检验棒在各支承孔中的安装误差，可将检验棒转过 180° 后，再测另一次并取其平均值。

172. （　　） 采用三角带传动时，其摩擦力是平带 3 倍。

173. （　　） 合适的定位元件，对于保证加工精度，提高劳动生产率，降低加工成本，起着很大作用。

174. （　　） 装配紧键时，用度配法检查键上下表面与轴和毂槽接触情况。

175. （　　） 钻床夹具有固定式、流动式、回转式、移动式和盖板式。

176. （　　） 接触器是一种自动的电磁式开关。

177. （　　） 轮齿的齿侧间隙应用涂色法检查。

178. （　　） 液压系统油温过高不影响机床精度和正常工作。

179. （　　） 当薄板有微小扭曲时，可用抽条从左至右抽打平面。

180. （　　） 工业企业在计划期内生产的符合质量的工业产品的实物量叫产品质量。

181. （　　） 齿轮传动具有传动能力范围广、传动比恒定、平稳可靠、传动效率高、结构紧凑、使用寿命长等特点。

182. （　　） 泡沫灭火机不应放在消防器材架上。

183. （　　） 表面热处理就是改变钢材表面化学成分，从而改变钢材表面的性能。

184. （　　） 研磨的基本原理包括物理和化学综合作用。

185. （　　） 用接长钻头钻深孔时，可一钻到底，不必中途退出排屑。

186. （　　） 带轮装到轴上后，用万能角度尺检查其端面跳动量。

187. （　　） 链传动中，链的下垂度以 $2\%L$ 为宜。

188. （　　） 弹簧测量装置测量预紧错位量的安装方法有：同向安装、背靠背安装、面对面安装三种。

189. （　　） 熔断器的作用是保护电路。

190. （　　） 常用的退火方法有完全退火、球化退火和去应力退火等。

191. （　　） 钻床可采用 220V 照明灯具。

192. （　　） 锯割时，无论是远起锯，还是近起锯，起锯的角度都要大于 15°。

193. （　　） 松键装配在键长方向，键与轴槽的间隙是 0.1mm。

194. （　　） 立式钻床的主要部件包括主轴变速箱、进给变速箱、主轴和进给手柄。

195. （　　） 分度头主要有壳体、壳体中的鼓形回转体、主轴分度机构和分度盘等组成。

196. （　　） 显示剂蓝油常用于有色金属的刮削，如铜合金、铝合金。

197. （　　） 为了防止轴承在工作时受轴向力而产生轴向移动，轴承在轴上或壳体上一般都应加以轴向固定装置。

198.（　　）配气机构按照内燃机的工作顺序，不定期地打开或关闭进排气门使空气或可燃混合气进入气缸和从气缸中排出废气。

199.（　　）选择夹紧力的作用方向应不破坏工件定位的准确性和保证尽可能小的夹紧力。

200.（　　）划线时，都应从划线基准开始。

附录二　钳工职业技能鉴定训练中级操作技能考核试题

注意事项：

① 请考生仔细阅读试题的具体考核要求，并按要求完成操作；

② 操作技能考核时要遵守考场纪律，服从考场管理人员指挥，以保证考核安全顺利进行；

③ 本题分值：100 分；

④ 考核时间：240 分钟。

正方拼块试题

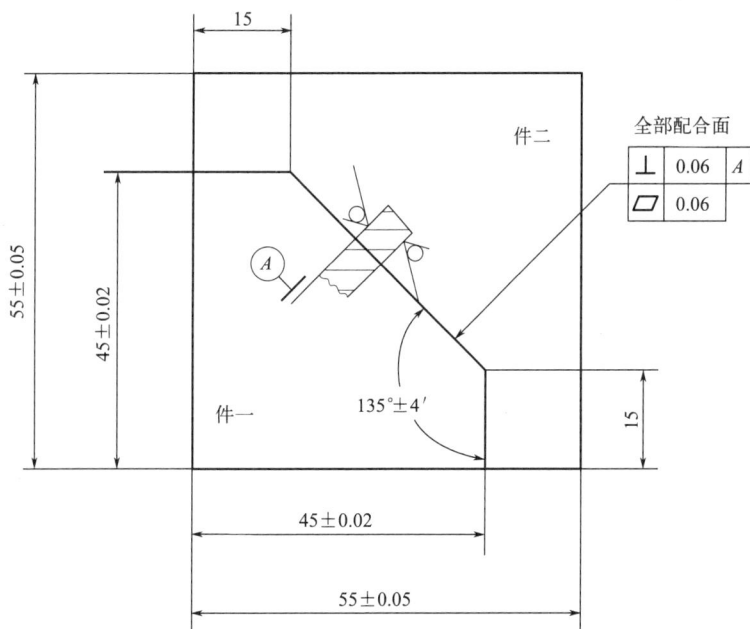

技术要求：
1.以件一为基准件二配作。
2.配合互换间隙0.06mm。
3.翻转配合错位量≤0.04mm

钳工：中级
试题名称：正方拼块
考核时间：240min

钳工中级技能操作考核评分记录表

考件编号：＿＿＿＿＿＿＿＿　姓名：＿＿＿＿＿＿＿　学号：＿＿＿＿＿＿＿　得分：＿＿＿＿

试题：正方拼块

序号	考核项目	评分要素	配分	评分标准	检测结果	扣分	得分	备注
1	锉削	(45±0.02)mm(2 处)	8	一处超差 0.02mm 扣 2 分				
		15mm(2 处)	6	一处不合格扣 3 分				
		135°±4′(2 处)	10	一处超差 5′扣 2.5 分				
		(55±0.05)mm(2 处)	8	一处超差 0.02mm 扣 2 分				
		⊥ | 0.06 | A	10	超差 0.02mm 扣 5 分				
		▱ | 0.06	10	超差 0.02mm 扣 5 分				
		$Ra3.2\mu m$(12 处)	10	每处每降一级扣 1 分				
2	配合	(55±0.05)mm(2 处)	10	每处超差 0.02mm 扣 2.5 分				
		配合互换间隙≤0.06mm(6 处)	18	每超差 0.02mm 扣 1.5 分				
		错位量≤0.04mm	10	每次超差 0.02mm 扣 2.5 分				
3	现场考核	工具、量具使用，清理现场，安全文明操作		工具、量具使用错一件从总分中扣 1 分，未清理现场扣 5 分，每违反一项规定从总分中扣 5 分，严重违规停止操作				
4	考核时限	在规定时间内完成		超时停止操作				
	合计		100					

钳工中级操作技能考核准备通知单（考生）

姓名：＿＿＿＿＿＿＿　准考证号：＿＿＿＿＿＿＿　单位：＿＿＿＿＿＿＿

序号	名　称	规　格	数　量	备　注
1	高度游标卡尺	0～200mm	1 把	
2	游标卡尺	0～150mm	1 把	
3	万能角度尺	0°～320°	1 把	
4	千分尺	50～75mm、75～100mm	各 1 把	
5	塞尺	0.02～0.5mm	1 把	
6	锤子	0.25～0.5kg	1 把	
7	划规、样冲、划针	自选	各 1 套	
8	钢板尺	0～150mm	1 把	
9	直柄麻花钻	$\phi3$	1 根	
10	软钳口	2～4mm	1 把	
11	锉刀	扁锉、三角锉、整形锉	各 1 套	
12	锉刀刷	中号	1 把	
13	扁錾		1 把	
14	手锯、锯条	300mm	各 1 套	

钳工中级操作技能考核准备通知单（考场）

序号	名 称	规 格	数 量	备 注
1	台钻	Z4112	1台	
2	平口钳	100mm	1台	
3	钳台	2000mm×3000mm	1块	
4	台虎钳	100mm	1台	
5	划线平台	1500mm×2000mm	1台	
6	砂轮机	S3SL-250	1台	
7	工件	70mm×70mm×6mm	2件	A_3

参 考 文 献

[1] 柳成，刘顺心. 金工实习. 北京：冶金工业出版社，2010.

[2] 郭术义. 金工实习. 北京：清华大学出版社，2011.

[3] 朱江峰，姜英. 钳工技能训练. 北京：北京理工大学出版社，2011.

[4] 孙文志，郭庆梁. 金工实习教程. 北京：机械工业出版社，2012.

[5] 蒋森春. 机械加工基础入门. 北京：机械工业出版社，2013.

[6] 卢万强. 数控加工技术基础. 北京：机械工业出版社，2012.

[7] 马韧宾. 金工实训项目化教程. 北京：化学工业出版社，2015.